电子信息科学与技术丛书

鸿蒙硬件系统开发

智能控制与物联网应用案例设计

视频讲解

李永华 陈宏铭 编著

清华大学出版社

北京

内 容 简 介

鸿蒙操作系统(HarmonyOS)不仅是我国第一款真正意义上的操作系统,也是世界上第一款能够将智能穿戴设备、无人驾驶设备、车机设备、家电等万物互联互通的操作系统。

本书结合当前高等院校创新实践课程,总结基于鸿蒙开源应用程序的开发方法,给出综合实际案例,涉及智能安防、家居生活、健康监测、音乐控制等。对于每个案例,分别讲述系统架构、系统流程、模块介绍、成果展示、元件清单。本书附赠开发方法、视频讲解、工程文件、问题解决、原图、源码,助力读者高效学习。

本书案例具有多样化的特点,供不同层次的人员需求,可作为信息与通信工程及相关专业本科生的教材,也可作为从事物联网、创新开发和设计的专业技术人员参考用书。

图书在版编目(CIP)数据

鸿蒙硬件系统开发:智能控制与物联网应用案例设计:视频讲解/李永华,陈宏铭编著.—北京:清华大学出版社,2023.7 (2024.8 重印)

(电子信息科学与技术丛书)

ISBN 978-7-302-63009-8

Ⅰ.①鸿… Ⅱ.①李… ②陈… Ⅲ.①移动终端－操作系统－程序设计 Ⅳ.①TN929.53

中国国家版本馆 CIP 数据核字(2023)第 040071 号

责任编辑:曾 珊 李 晔
封面设计:李召霞
责任校对:韩天竹
责任印制:宋 林

出版发行:清华大学出版社
    网   址:https://www.tup.com.cn,https://www.wqxuetang.com
    地   址:北京清华大学学研大厦 A 座 邮   编:100084
    社 总 机:010-83470000   邮   购:010-62786544
    投稿与读者服务:010-62776969,c-service@tup.tsinghua.edu.cn
    质量反馈:010-62772015,zhiliang@tup.tsinghua.edu.cn
    课件下载:https://www.tup.com.cn,010-83470236
印 装 者:三河市龙大印装有限公司
经 销:全国新华书店
开 本:185mm×260mm 印 张:15.75   字 数:404 千字
版 次:2023 年 9 月第 1 版   印 次:2024 年 8 月第 3 次印刷
印 数:2301～3800
定 价:66.00 元

产品编号:099943-01

序
FOREWORD

在人工智能时代,如何实现具体功能是技术的焦点。鸿蒙操作系统由华为公司 2012 年开始规划、2019 年正式发布。它的诞生预示着未来跨终端设备之间的互通互融水平将得到极大提升,从而降低企业开发、维护成本。鸿蒙操作系统具有高效快速的运行条件和安全可靠的防御架构,是极具现实意义的开源技术。

鸿蒙操作系统在传统的单设备系统能力基础上,提出了基于同一套系统适配多种终端形态的分布式理念,能够支持手机、平板电脑、智能穿戴设备、智慧屏、车机等多种终端,提供全场景的业务能力,包括但不限于移动办公、运动健康、社交通信、媒体娱乐等;能够实现统一操作系统,弹性部署,采用组件化的设计方案,可根据设备的资源能力和业务特征灵活裁剪,满足不同形态终端设备对操作系统的要求。同时,鸿蒙操作系统为不同设备的智能化、互联与协同提供了统一的语言,能够带来简洁、流畅、连续、安全可靠的全场景交互体验。

鸿蒙设备开发提供分布式设备虚拟化,一次开发、多端部署,赋予设备极简连接、万能卡片、极简交互、硬件互助等超级终端体验;可根据产品硬件能力灵活选择连接方案,为 WiFi、Combo、蓝牙设备等提供不同方案。其代码完全开源,可以修改源码扩展现有功能或者增加新功能;支持轻量系统、小型系统和标准系统,可在多种终端设备上运行;根据设备的资源能力和业务特征进行灵活裁剪,满足不同形态终端设备对于操作系统的要求。

本书作者将鸿蒙操作系统融合到创新课程中,与华为技术有限公司、江苏润和软件股份有限公司、清华大学出版社合作,基于鸿蒙设备开发,通过 Hi3861 开发板,实现软硬件协同,将鸿蒙技术系统地引入高等教育知识传播体系中,为国家培养拔尖创新人才奠定基础,以应对下一代物联网技术的挑战。

本书的内容是创新课程的成果总结,每个具体实现场景,参考了鸿蒙设备开发的技术标准,是一个完整的物联网应用。每个案例内容新颖、理论与实践结合,充分反映了鸿蒙技术开发的最新应用方法,可以帮助读者快速掌握鸿蒙设备的开发技术。相信本书分享的知识与经验,对鸿蒙应用系统感兴趣的开发者具有较好的参考价值,对打造互联互通,开放共赢的产业生态圈,有着积极的促进作用。

钱德沛

北京航空航天大学计算机学院

前 言
PREFACE

  鸿蒙操作系统是华为技术有限公司开发的一款全新的、面向万物互联时代的全场景分布式操作系统,具有基于微内核、代码小、效率高、跨平台、多终端、不卡顿、长续航、不易受攻击的特点,在传统的单设备基础上,提出同一套系统能力、适配多种终端形态的分布式理念,创造出一个超级虚拟终端互联的世界,将人、设备、场景有机地联系在一起,实现极速发现、极速连接、硬件互助、资源共享。鸿蒙操作系统将为我国智能制造产业的发展奠定坚实基础,使未来工业软件的应用更加广泛。

  大学作为传授知识、科研创新、服务社会的主要机构,为社会培养具有创新思维的现代化人才责无旁贷,而具有时代特色的书籍是传授专业知识的基础。本书依据当今信息社会的发展趋势,基于工程教育教学经验,意欲将其提炼为适合国情、具有自身特色的创新实践教材。

  当前的鸿蒙操作开发,需要通过案例进行理论实践,鉴于此,作者将实际智能应用20个案例总结成书,力求推进创新创业教育发展,为国家输送更多掌握自主技术的创新创业型人才奠定基础。

  本书的内容和素材主要来源于以下几方面:华为公司官网学习平台;作者所在学校近几年承担的教育部和北京市的教育、教学改革项目与成果;作者指导的研究生在物联网方向的研究工作及成果总结;北京邮电大学信息工程专业创新实践,相关同学基于CDIO工程教育方法,实现创新研发,不但学到了知识,提高了能力,而且为本书提供了第一手素材和资料,在此表示感谢。

  本书的编写得到了江苏润和软件股份有限公司、华为技术有限公司、教育部电子信息类专业教学指导委员会、信息工程专业国家第一类特色专业建设项目、信息工程专业国家第二类特色专业建设项目、教育部CDIO工程教育模式研究与实践项目、教育部本科教学工程项目、信息工程专业北京市特色专业项目、北京高等学校教育教学改革项目的大力支持;本书由北京邮电大学教学综合改革项目(2022SJJX-A01)资助,特此表示感谢!

  由于作者水平有限,书中不当之处在所难免,敬请读者不吝指正,以便作者进一步修改和完善。

李永华

2023年8月于北京邮电大学

学习建议
LEARNING SUGGESTIONS

选用本书作教材的教师可以根据不同学时安排、先修课程和办学特色进行适当调整,建议在 32～64 学时范围内完成教学。学时较少的教学情况,可以选择讲授部分内容。

本书可用于课程设计、系统设计、综合实验、创新实验等理论结合实践的课程。建议先修计算机基础类课程。

对书中各知识点的学习建议如下:

(1) 了解鸿蒙操作系统架构。

(2) 了解鸿蒙操作系统特性。

(3) 了解鸿蒙操作系统安全相关知识。

(4) 了解 HarmonyOS App 结构。

(5) 掌握安装软件工具。

(6) 学习配置开发环境。

(7) 提前学习 eTS 语言开发。

(8) 提前学习 Java 语言开发。

(9) 提前学习 JS 语言开发。

(10) 掌握 HUAWEI DevEco Device Tool 安装方法并搭建开发环境。

(11) 导入 OpenHarmony 源码。

(12) 了解在 VS Code 中编译 Hi3861 开发板源码。

(13) 学习烧录 Hi3861V100 开发板镜像。

(14) 掌握串口工具使用方法。

(15) 学习 Hi3861 开发板 AT 命令联网。

(16) 学习编写"Hello World"程序。

(17) 掌握 GPIO 点灯方法。

(18) 掌握连接 WiFi 方法。

(19) 掌握移植 MQTT 方法。

(20) 学习接入 OneNET 云。

(21) 学会在 OneNET 云平台创建账号、创建产品、添加设备和获取信息。

(22) 前端模块开发。

(23) 后端模块开发。

(24) 按照每个项目的步骤,理论结合实际,循序渐进地落实。

目 录
CONTENTS

视频清单

视频名称	时长/min	视频名称	时长/min
项目 1	7	项目 11	11
项目 2	9	项目 12	6
项目 3	12	项目 13	11
项目 4	7	项目 14	6
项目 5	12	项目 15	13
项目 6	10	项目 16	9
项目 7	6	项目 17	10
项目 8	10	项目 18	10
项目 9	10	项目 19	20
项目 10	8	项目 20	10

项目 1

监测温湿度

本项目通过鸿蒙 App 控制 Hi3861 开发板，实现获取环境温湿度数据和高温报警功能。

1.1　总体设计

本部分包括系统架构和系统流程。

1.1.1　系统架构

系统架构如图 1-1 所示，Hi3861 开发板与外设引脚连线如表 1-1 所示。

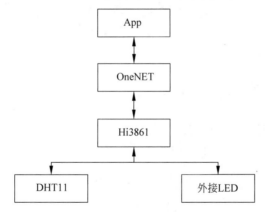

图 1-1　系统架构

表 1-1　Hi3861 开发板与外设引脚连线

Hi3861 开发板	DHT11	外接 LED
5V	＋	＋
GND	－	
GPIO10		－
GPIO11	OUT	

1.1.2　系统流程

系统流程如图 1-2 所示。

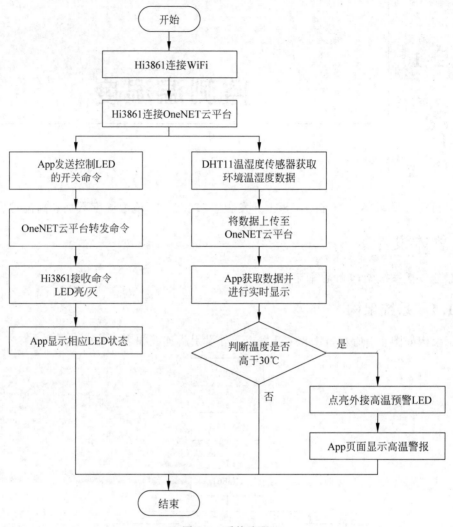

图 1-2　系统流程

1.2　模块介绍

本项目由 VSCode 和 DevEco Studio 开发，包括 WiFi 模块、OneNET 云平台、LED 控制、温湿度传感器和前端模块。下面分别给出各模块的功能介绍及相关代码。

1.2.1　WiFi 模块

实现 WiFi 连接的相关代码如下：

```
void wifi_wpa_event_cb(const hi_wifi_event *hisi_event)
{
    if (hisi_event ==NULL)
        return;
    switch (hisi_event->event) {
     case HI_WIFI_EVT_SCAN_DONE:
        printf("WiFi: Scan results available\n");
        break;
```

```
    case HI_WIFI_EVT_CONNECTED:
        printf("WiFi: Connected\n");
        netifapi_dhcp_start(g_lwip_netif);
        wifi_ok_flg = 1;
        break;
    case HI_WIFI_EVT_DISCONNECTED:
        printf("WiFi: Disconnected\n");
        netifapi_dhcp_stop(g_lwip_netif);
        hi_sta_reset_addr(g_lwip_netif);
        break;
    case HI_WIFI_EVT_WPS_TIMEOUT:
        printf("WiFi: wps is timeout\n");
        break;
default:
    break;
 }
}
int hi_wifi_start_connect(void)
{
 int ret;
 errno_t rc;
 hi_wifi_assoc_request assoc_req = {0}
 rc = memcpy_s(assoc_req.ssid, HI_WIFI_MAX_SSID_LEN + 1, "iPhone", 6);
 if (rc != EOK) {
        return -1;
 }
 //热点加密方式
 assoc_req.auth = HI_WIFI_SECURITY_WPA2PSK;
 //热点密码
 memcpy(assoc_req.key, "iphonesyfeng", 12);
 ret = hi_wifi_sta_connect(&assoc_req);
 if (ret != HISI_OK) {
    return -1;
 }
 return 0;
}
int hi_wifi_start_sta(void)
{
  int ret;
  char ifname[WIFI_IFNAME_MAX_SIZE + 1] = {0};
  int len = sizeof(ifname);
  const unsigned char wifi_vap_res_num = APP_INIT_VAP_NUM;
  const unsigned char wifi_user_res_num = APP_INIT_USR_NUM;
  unsigned int   num = WIFI_SCAN_AP_LIMIT;
  ret = hi_wifi_sta_start(ifname, &len);
  if (ret != HISI_OK) {
    return -1;
  }
  ret = hi_wifi_register_event_callback(wifi_wpa_event_cb);
  if (ret != HISI_OK) {
    printf("register wifi event callback failed\n");
  }
  g_lwip_netif = netifapi_netif_find(ifname);
  if (g_lwip_netif == NULL) {
    printf("%s: get netif failed\n", __FUNCTION__);
```

```
    return -1;
  }
  //开始扫描附近的 WiFi 热点
  ret = hi_wifi_sta_scan();
  if (ret != HISI_OK) {
  return -1;
  }
  sleep(5);
  hi_wifi_ap_info * pst_results = malloc(sizeof(hi_wifi_ap_info) * WIFI_SCAN_AP_
LIMIT);
  if (pst_results == NULL) {
    return -1;
  }
  //将扫描到的热点结果进行存储
  ret = hi_wifi_sta_scan_results(pst_results, &num);
  if (ret != HISI_OK) {
    free(pst_results);
    return -1;
  }
  //打印扫描到的所有热点
  for (unsigned int loop = 0; (loop < num) && (loop < WIFI_SCAN_AP_LIMIT); loop++) {
    printf("SSID: %s\n", pst_results[loop].ssid);
  }
  free(pst_results);
  //开始接入热点
  ret = hi_wifi_start_connect();
  if (ret != 0) {
    return -1;
  }
  return 0;
}
void wifi_sta_task(void *arg)
{
 arg = arg;
 //连接热点
 hi_wifi_start_sta();
  while(wifi_ok_flg == 0)
  {
    usleep(30000);
  }
usleep(2000000);
```

1.2.2 OneNET 云平台

本部分包括创建账号、创建产品、添加设备和相关代码。

1. 创建账号

登录网页 https://open.iot.10086.cn/passport/reg/，按要求填写注册信息后进行实名认证，如图 1-3 所示。

2. 创建产品

进入 Studio 平台后，在全部产品服务中选择多协议接入。单击"添加产品"按钮，在弹出的页面中按照提示填写产品信息。本项目采用 MQTT 协议接入，如图 1-4 所示。

3. 添加设备

单击"设备管理"，选择"添加设备"，按照提示填写相关信息，如图 1-5 所示。

图1-3　创建账号

图1-4　创建产品

4. 相关代码

通过 MQTT 和 OneNET 协议连接 OneNET 云平台。

（1）定义设备信息。

```
#include "MQTTClient.h"
#include "onenet.h"
#define ONENET_INFO_DEVID "954904489"
#define ONENET_INFO_AUTH "20220606"
```

图 1-5　添加设备

```
#define ONENET_INFO_APIKEY "11nGpUn4MB8ZGcf8LN8NbHXXLCk="
#define ONENET_INFO_PROID "524900"
#define ONENET_MASTER_APIKEY "WocRO3hur=5NlrdHuYSj8iLgPls="
int onenet_mqtt_init(void)
{
    int result = 0;
    if (init_ok)
    {
        return 0;
    }
    if (onenet_get_info() < 0)
    {
        result = -1;
        goto __exit;
    }
    onenet_mqtt.onenet_info = &onenet_info;
    onenet_mqtt.cmd_rsp_cb = NULL;
    if (onenet_mqtt_entry() < 0)
    {
        result = -2;
        goto __exit;
    }
__exit:
    if (!result)
    {
     init_ok = 0;
    }
    else
    {
    }
    return result;
}
```

（2）主函数内进行初始化、数据接收及上传。

```
device_info_init(ONENET_INFO_DEVID, ONENET_INFO_PROID, ONENET_INFO_AUTH, ONENET_
```

```
INFO_APIKEY, ONENET_MASTER_APIKEY);
onenet_mqtt_init();
onenet_set_cmd_rsp_cb(onenet_cmd_rsp_cb);
onenet_mqtt_upload_digit(...)
```

（3）鸿蒙 App 相关代码。

```java
public void tryGetUrl(String urlstring, int code) {
    NetManager netManager = NetManager.getInstance(this);
    //检查是否有省略内容
    if(!netManager.hasDefaultNet()) {
        return;
    }
    NetHandle netHandle = netManager.getDefaultNet();
    netManager.addDefaultNetStatusCallback(new NetStatusCallback(){
        //网络正常
        @Override
        public void onAvailable(NetHandle handle) {
            super.onAvailable(handle);
            HiLog.info(LABEL,"网络正常");
        }
        //网络阻塞
        @Override
        public void onBlockedStatusChanged(NetHandle handle, boolean blocked)
{

            super.onBlockedStatusChanged(handle, blocked);
            HiLog.info(LABEL,"网络阻塞");
        }
    });
    HttpURLConnection connection = null;
    InputStream in = null;
    BufferedReader reader = null;
    String resText = "";
    try {
        URL url = new URL(urlstring);
        connection = (HttpURLConnection)url.openConnection();
        //设置请求方式
        connection.setRequestMethod("GET");
        connection.setConnectTimeout(15000);
        connection.setReadTimeout(60000);
        connection.setRequestProperty("api-key", apiKey);
        //发送请求
        connection.connect();
        if(connection.getResponseCode()==200) {
            in = connection.getInputStream();
            reader = new BufferedReader(new InputStreamReader(in,"UTF-8"));
            StringBuilder response = new StringBuilder();
            String line = null;
            while ((line = reader.readLine()) != null) {
                response.append(line);
                response.append("\r\n");
            }
            resText = response.toString();
            System.out.println("response=" + resText);
            try {
                JsonBean jsonBean = new Gson().fromJson(resText, JsonBean.class);
```

```
                    if (code==1) {
                        myEventHandler.sendEvent(InnerEvent.get(1, jsonBean));
                    }
                    if (code==2) {
                        myEventHandler.sendEvent(InnerEvent.get(2, jsonBean));
                    }
                } catch (JsonIOException jsonIOException) {
                    jsonIOException.printStackTrace();
                } catch (NullPointerException nullPointerException) {
                    nullPointerException.printStackTrace();
                }
            }
        } catch (IOException ioException) {
            ioException.printStackTrace();
        } finally {
            if (reader != null) {
                try {
                    reader.close();
                } catch (IOException ioException) {
                    ioException.printStackTrace();
                }
            }
            if (in != null) {
                try {
                    in.close();
                } catch (IOException ioException) {
                    ioException.printStackTrace();
                }
            }
            //断开连接
            connection.disconnect();
        }
        return;
    }
    public void tryPostUrl(String urlstring, String data, int code) {
        HttpURLConnection connection = null;
        try {
            URL url = new URL(urlstring);
            connection = (HttpURLConnection)url.openConnection();
            //设置请求方式
            connection.setRequestMethod("POST");
            connection.setConnectTimeout(30000);
            connection.setReadTimeout(30000);
            connection.setDoInput(true);
            connection.setDoOutput(true);
            //数据为二进制格式
            connection. setRequestProperty ( " Content - Type",  " application/octet -
stream");
            connection.setRequestProperty("api-key", apiKey);
            DataOutputStream  datastream  =  new  DataOutputStream ( connection.
getOutputStream());
            datastream.write(data.getBytes(StandardCharsets.UTF_8));
            datastream.flush();
            BufferedReader  reader  =  new  BufferedReader ( new  InputStreamReader
(connection.getInputStream()));
```

```
        String result = "";
        String line = null;
        while ((line = reader.readLine()) != null) {
            result += line;
        }
        myEventHandler.sendEvent(InnerEvent.get(code));
    } catch (IOException ioException) {
        ioException.printStackTrace();
    }
}
```

1.2.3　LED 控制

本部分包括头文件导入、GPIO 初始化、设置输出、读取 OneNET 云平台命令控制 LED 开关,相关代码如下:

```
#include "iot_gpio.h"
#define LED_TEST_GPIO 9
...
IoTGpioInit(LED_TEST_GPIO);                          //初始化
IoTGpioSetDir(LED_TEST_GPIO, IOT_GPIO_DIR_OUT);      //设置为输出
...
void onenet_cmd_rsp_cb(uint8_t * recv_data, size_t recv_size, uint8_t * * resp_data,
size_t * resp_size)
{
    printf("recv data is %.*s\n", recv_size, recv_data);
    //100 为关闭 LED
    if (strcmp(recv_data, "101") < 0)
    {
        printf("LED OFF\n");
        IoTGpioSetDir(LED_TEST_GPIO, 0);
    }
    //102 为打开 LED
    else if (strcmp(recv_data, "101") > 0)
    {
        printf("LED ON\n");
        IoTGpioSetDir(LED_TEST_GPIO, 1);
    }
    * resp_data = NULL;
    * resp_size = 0;
}
```

1.2.4　温湿度传感器

本部分包括相关函数、获取数据和高温报警。

1. 相关函数

通过 DHT11 温湿度传感器获取数据。总线初始化:拉高总线电平,使总线回到高电平 $20\sim40\mu s$,等待从机应答;DHT11 应答:将总线拉低电平 $80\mu s$,主机拉低时长不小于 18ms,然后再拉高 $80\mu s$;输出数据帧:一次完整的数据传输为 40 位,高位先出。

通过 GPIO11 作为数据端口,将 DHT11 的 OUT 引脚采用一个 4700Ω 的上拉电阻连接到 GPIO11,电源为 5V。

```
#include "iot_gpio.h"
```

```
#include "hi_gpio.h"
#include "hi_io.h"
#include "hi_adc.h"
#include "hi_errno.h"
#include "hi_time.h"
#define u8 unsigned char
#define u16 unsigned short
#define u32 unsigned int
#define DHT11_GPIO   HI_IO_NAME_GPIO_11                       //GPIO 11
IotGpioValue DHT11_DQ_IN;
IotGpioValue levelold;                                       //输入/输出状况
u8 GPIOGETINPUT(hi_io_name id,IotGpioValue *val)
{
    IoTGpioGetInputVal(id,val);
    return *val;
}
    //设置端口为输出
void DHT11_IO_OUT(void)
{
    //设置 GPIO 为输出模式
    IoTGpioSetDir(DHT11_GPIO, IOT_GPIO_DIR_OUT);
}
    //设置端口为输入
void DHT11_IO_IN(void)
{
    IoTGpioSetDir(DHT11_GPIO, IOT_GPIO_DIR_IN);
    hi_io_set_pull( DHT11_GPIO, HI_IO_PULL_NONE);
}
    //复位 DHT11
void DHT11_Rst(void)
{
    DHT11_IO_OUT();
    DHT11_DQ_OUT_Low;                                        //拉低 DQ
    //GpioGetOutputVal(DHT11_GPIO,&levelold);
    //printf("out:%d\r\n",levelold);
    hi_udelay(20000);                                       //拉低至少 18ms
    DHT11_DQ_OUT_High;                                       //DQ=1
    hi_udelay(35);                                           //主机拉高 20~40μs
  //GpioGetOutputVal(DHT11_GPIO,&levelold);
  //printf("out:%d\r\n",levelold);
  //printf("DHT11 Rest Successful\r\n");
}
//等待 DHT11 的回应
//返回 1:未检测到 DHT11 的存在
//返回 0:检测到 DHT11 的存在
u8 DHT11_Check(void)
{
    u8 retry=0;
    DHT11_IO_IN();                                           //设置输入
    while (GPIOGETINPUT(DHT11_GPIO,&DHT11_DQ_IN)&&retry<100) //DHT11 会拉低 40~80μs
    {
        retry++;
        hi_udelay(1);
    };
    if(retry>=100)return 1;
```

```
        else retry=0;
        while((!GPIOGETINPUT(DHT11_GPIO,&DHT11_DQ_IN))&&retry<100)
                                        //DHT11 拉低后会再次拉高 40~80μs
        {
            retry++;
            hi_udelay(1);
        };
        if(retry>=100)return 1;
        return 0;
}
//从 DHT11 读取一位
//返回值:1 或 0
u8 DHT11_Read_Bit(void)
{
        u8 retry=0;
        while(GPIOGETINPUT(DHT11_GPIO,&DHT11_DQ_IN)&&retry<100){      //等待变为低电平
            retry++;
            hi_udelay(1);
        }
        retry=0;
        while((!GPIOGETINPUT(DHT11_GPIO,&DHT11_DQ_IN))&&retry<100){   //等待变为高电平
            retry++;
            hi_udelay(1);
        }
        hi_udelay(40);                                               //等待 40μs
        //用于判断高低电平,即数据 1 或 0
        if(GPIOGETINPUT(DHT11_GPIO,&DHT11_DQ_IN))return 1;else return 0;
}
//从 DHT11 读取一字节
//返回值:读取的数据
u8 DHT11_Read_Byte(void)
{
        u8 i,dat;
        dat=0;
        for (i=0;i<8;i++)
        {
            dat<<=1;
            dat|=DHT11_Read_Bit();
        }
        return dat;
}
//从 DHT11 读取一次数据
//temp:温度值(范围:0~50℃)
//humi:湿度值(范围:20%~90%)
//返回值:0 为正常;1 为读取失败
u8 DHT11_Read_Data(u8 *temp,u8 *humi)
{
        u8 buf[5]={ 0 };
        u8 i;
        DHT11_Rst();
        if(DHT11_Check()==0)
        {
            for(i=0;i<5;i++)                                         //读取 40 位数据
            {
                buf[i]=DHT11_Read_Byte();
```

```
        }
        if((buf[0]+ buf[1]+ buf[2]+ buf[3])==buf[4])         //数据校验
        {
            *humi=buf[0];
            *temp=buf[2];
        }
    }else return 1;
    return 0;
}
//初始化DHT11的I/O口DQ同时检测DHT11的存在
//返回1:不存在
//返回0:存在
u8 DHT11_Init(void)
{
    //初始化GPIO
    IoTGpioInit(DHT11_GPIO);
    //设置GPIO_11的复用功能为普通GPIO
    hi_io_set_func(DHT11_GPIO, HI_IO_FUNC_GPIO_11_GPIO);
    //设置GPIO_11为输出模式
    IoTGpioSetDir(DHT11_GPIO, IOT_GPIO_DIR_OUT);
    //设置GPIO_11输出高电平
    IoTGpioSetOutputVal(DHT11_GPIO, 1);
    DHT11_Rst();                                           //复位DHT11
    return DHT11_Check();                                  //等待DHT11的回应
}
```

2. 获取数据

获取温湿度数据并上传至 OneNET 云平台的步骤如下：

（1）复位总线。首先，IoTGpioInit()初始化 GPIO；然后，配置为普通 I/O 模式；最后，再配置为输出模式，并根据时序要求配置输出高/低电平。

（2）DHT11 应答。首先，将 GPIO 切换为输入模式；然后，检测 GPIO 状态，判断总线的高低电平状态是否满足应答信号。

（3）数据读取。首先，配置为输入模式，间隔固定时间读取总线电平，进而得到数据；然后，根据数据格式解析出所需内容（DHT11 发送的数据包括 16 位温度数据、16 位湿度数据和 8 位校验位，通过校验则获取数据）。

（4）将获取的温湿度数据上传至 OneNET 云平台。

前两步通过 DHT11_Init()函数实现，数据读取通过 DHT11_Read_data()函数实现，上传数据通过 onenet_mqtt_upload_digit()函数实现，相关代码如下：

```
...
while(DHT11_Init())                                        //DHT11初始化
    {
        printf("DHT11 Init Error!!\r\n");
        usleep(100000);
    }
    printf("DHT11 Init Successful!!");
    while (1)
    {
        if( DHT11_Read_Data(&temperature,&humidity)==0)   //读取温湿度值
        {
            if((temperature!= 0)||(humidity!=0))
            {
```

```
            ledflag++;
            printf("Temperature = %d\r\n",temperature);
            printf("Humidity = %d\r\n",humidity);
        }
        //upload temperature
        if (onenet_mqtt_upload_digit("temperature", temperature) < 0)
        {
            printf("upload has an error, stop uploading");
            break;
        }
        else
        {
            printf("buffer : {\"temperature\":%d} \r\n", temperature);
        }
        //upload humidity
        if (onenet_mqtt_upload_digit("humidity", humidity) < 0)
        {
            printf("upload has an error, stop uploading");
            break;
        }
        else
        {
            printf("buffer : {\"humidity\":%d} \r\n", humidity);
        }
    }
    //延时 100ms
    IoTGpioSetOutputVal(HI_GPIO_IDX_2, ledflag%2);
    usleep(500000);
}
...
```

3．高温报警

当温度超过 30℃时，GPIO10 输出低电平，点亮外接高温报警 LED。

```
#define LED_TEMP 10
...
hi_gpio_init();
//定义外接 LED 的 GPIO
hi_io_set_func(HI_GPIO_IDX_10, HI_IO_FUNC_GPIO_10_GPIO);
hi_gpio_set_dir(HI_GPIO_IDX_10, HI_GPIO_DIR_OUT);
...
//high temperature alert
if (temperature >=30)
{
    printf("HIGH TEMPERATURE ALERT\n");
    hi_gpio_set_ouput_val(HI_GPIO_IDX_10, 0);
}
else
{
    hi_gpio_set_ouput_val(HI_GPIO_IDX_10, 1);
}
```

1.2.5　前端模块

本部分包括界面设计和功能代码。

1．界面设计

前端 App 界面设计如下：

（1）温度数据。由 Image 元素温度图标、Text 元素温度标题和 Text 元素温度数据文本框组成。

（2）湿度数据。由 Image 元素湿度图标、Text 元素湿度标题和 Text 元素湿度数据文本框组成。

（3）高温报警。由 Image 元素报警图标、Text 元素报警文本组成。

（4）LED 控制。由 Image 元素 LED 图标、Text 元素 LED 标题、Text 元素 LED 状态、Image 元素开关图标、Button 元素开关按钮组成。

```xml
<?xml version="1.0" encoding="utf-8"?>
<DirectionalLayout
    xmlns:ohos="http://schemas.huawei.com/res/ohos"
    ohos:height="match_parent"
    ohos:width="match_parent"
    ohos:alignment="center|top"
    ohos:orientation="vertical">
    <DirectionalLayout
        ohos:height="match_content"
        ohos:width="match_parent"
        ohos:top_margin="10vp"
        ohos:alignment="center"
        ohos:orientation="horizontal">
        <Image
            ohos:id="$+id:temp_icon"
            ohos:height="50vp"
            ohos:width="50vp"
            ohos:image_src="$media:temp"
            ohos:scale_mode="zoom_center"
            />
        <Text
            ohos:id="$+id:temp_title"
            ohos:height="match_content"
            ohos:width="match_content"
            ohos:left_padding="6vp"
            ohos:text_alignment="left|center"
            ohos:text="$string:mainability_temp_title"
            ohos:text_size="50vp"
            />
    </DirectionalLayout>
    <Text
        ohos:id="$+id:temp_text"
        ohos:height="50vp"
        ohos:width="match_parent"
        ohos:background_element="$graphic:border"
        ohos:text_alignment="center"
        ohos:top_margin="20vp"
        ohos:text="1"
        ohos:text_size="35vp"
        ohos:text_color="#FF678DFF"
        ohos:padding="5vp"
        />
    <DirectionalLayout
```

```
        ohos:height="match_content"
        ohos:width="match_parent"
        ohos:top_padding="30vp"
        ohos:alignment="center"
        ohos:orientation="horizontal">
        <Image
            ohos:id="$+id:hum_icon"
            ohos:height="50vp"
            ohos:width="50vp"
            ohos:image_src="$media:hum"
            ohos:scale_mode="zoom_center"
            />
        <Text
            ohos:id="$+id:hum_title"
            ohos:height="match_content"
            ohos:width="match_content"
            ohos:left_padding="6vp"
            ohos:text_alignment="left|center"
            ohos:text="$string:mainability_hum_title"
            ohos:text_size="50vp"
            />
    </DirectionalLayout>
    <Text
        ohos:id="$+id:hum_text"
        ohos:height="50vp"
        ohos:width="match_parent"
        ohos:background_element="$graphic:border2"
        ohos:text_alignment="center"
        ohos:top_margin="20vp"
        ohos:text="1"
        ohos:text_size="35vp"
        ohos:text_color="#FF1FBC3E"
        ohos:padding="5vp"
        />
    <DirectionalLayout
        ohos:height="match_content"
        ohos:width="match_parent"
        ohos:top_padding="30vp"
        ohos:alignment="center"
        ohos:orientation="horizontal">
        <Image
            ohos:id="$+id:alarm_icon"
            ohos:height="50vp"
            ohos:width="50vp"
            ohos:image_src="$media:alarm"
            ohos:scale_mode="zoom_center"
            ohos:visibility="hide"
            />
        <Text
            ohos:id="$+id:alarm_text"
            ohos:height="match_content"
            ohos:width="match_content"
            ohos:left_padding="6vp"
            ohos:text_alignment="left|center"
            ohos:text="$string:mainability_alarm_title"
```

```
            ohos:text_size="40vp"
            ohos:text_color="#FFE72C2C"
            ohos:visibility="hide"
            />
    </DirectionalLayout>
    <DirectionalLayout
        ohos:height="match_content"
        ohos:width="match_parent"
        ohos:top_margin="40vp"
        ohos:alignment="center"
        ohos:orientation="horizontal">
        <Image
            ohos:id="$+id:led_icon"
            ohos:height="50vp"
            ohos:width="50vp"
            ohos:image_src="$media:led"
            ohos:scale_mode="zoom_center"
            />
        <Text
            ohos:id="$+id:led_title"
            ohos:height="match_content"
            ohos:width="match_content"
            ohos:left_padding="10vp"
            ohos:text_alignment="left|center"
            ohos:text="$string:mainability_led_title"
            ohos:text_size="50vp"
            />
    </DirectionalLayout>
    <Text
        ohos:id="$+id:led_status"
        ohos:height="match_content"
        ohos:width="match_parent"
        ohos:text_alignment="center"
        ohos:top_margin="12vp"
        ohos:text="$string:mainability_led_status"
        ohos:text_size="35vp"
        ohos:text_color="#f4ea2a"
        />
    <DirectionalLayout
        ohos:height="match_content"
        ohos:width="match_parent"
        ohos:alignment="center"
        ohos:orientation="horizontal">
        <Button
            ohos:id="$+id:button_on"
            ohos:height="50vp"
            ohos:width="50vp"
            ohos:layout_alignment="center"
            ohos:text="On"
            ohos:top_margin="12vp"
            ohos:text_size="30vp"
            ohos:right_padding="5vp"
            />
        <Image
            ohos:id="$+id:control_icon"
```

```
            ohos:height="30vp"
            ohos:width="30vp"
            ohos:top_margin="12vp"
            ohos:image_src="$media:control"
            ohos:scale_mode="zoom_center"
            />
        <Button
            ohos:id="$+id:button_off"
            ohos:height="50vp"
            ohos:width="50vp"
            ohos:layout_alignment="center"
            ohos:text="Off"
            ohos:top_margin="12vp"
            ohos:text_size="30vp"
            ohos:left_padding="5vp"
            />
    </DirectionalLayout>
</DirectionalLayout>
```

2. 功能代码

根据官方文档提供的 API 接口,通过单击不同按钮向 OneNET 云平台发送控制 LED 的开关命令。

```
buttonOn.setClickedListener(new Component.ClickedListener() {
    @Override
    public void onClick(Component component) {
        new Thread(new Runnable() {
            @Override
            public void run() {
                tryPostUrl(postUrl,"102",3);
            }
        }).start();
    }
});
buttonOff.setClickedListener(new Component.ClickedListener() {
    @Override
    public void onClick(Component component) {
        new Thread(new Runnable() {
            @Override
            public void run() {
                tryPostUrl(postUrl,"100",4);
            }
        }).start();
    }
});
```

通过 POST 方法进行 URL 访问请求,并设置请求属性 api-key 和 Content-Type(数据为二进制格式)。控制 LED 的命令以 DataOutputStream 对象的形式进行数据输出,通过 InputStreamReader 和 BufferedReader 对象得到的网页返回内容,将 InnerEvent 事件发送到异步线程上处理。

```
public void tryPostUrl(String urlstring, String data, int code) {
    HttpURLConnection connection = null;
    try {
        URL url = new URL(urlstring);
```

```
        connection = (HttpURLConnection)url.openConnection();
        //设置请求方式
        connection.setRequestMethod("POST");
        connection.setConnectTimeout(30000);
        connection.setReadTimeout(30000);
        connection.setDoInput(true);
        connection.setDoOutput(true);
        //数据为二进制格式
        connection.setRequestProperty ( " Content - Type ", " application/octet -
stream");
        connection.setRequestProperty("api-key", apiKey);
        DataOutputStream datastream = new DataOutputStream ( connection.
getOutputStream());
        datastream.write(data.getBytes(StandardCharsets.UTF_8));
        datastream.flush();
        BufferedReader reader = new BufferedReader ( new InputStreamReader
(connection.getInputStream()));
        String result = "";
        String line = null;
        while ((line = reader.readLine()) != null) {
            result += line;
        }
        myEventHandler.sendEvent(InnerEvent.get(code));
    } catch (IOException ioException) {
        ioException.printStackTrace();
    }
}
```

在异步处理线程中，判断 eventId，进行对应事件的处理操作，显示 LED 状态。

```
private class MyEventHandler extends EventHandler {
    public MyEventHandler(EventRunner runner) throws IllegalArgumentException {
        super(runner);
    }
    @Override
    protected void processEvent(InnerEvent event) {
        super.processEvent(event);
        if(event==null) {
            return;
        }
        if(event.eventId==3) {
            status.setText("亮");
        }
        if(event.eventId==4) {
            status.setText("灭");
        }
    }
}
```

根据 OneNET 云平台官方文档提供的 API 接口，使用对应的 URL 访问获取数据，并设置计时器定时更新。

```
//每 1000ms 更新一次
timer.schedule(new TimerTask() {
    @Override
    public void run() {
        tryGetUrl(getUrl, 1);
```

```
                tryGetUrl(getUrl2, 2);
        }
    },0,1000);
```

通过 GET 方法进行 URL 访问请求，并设置请求属性 api-key。将 InputStream 和 BufferedReader 对象得到的网页内容存储在 StringBuilder 中，转换为 String 类型，将 InnerEvent 事件发送到异步线程上进行处理。

```
public void tryGetUrl(String urlstring, int code) {
    NetManager netManager = NetManager.getInstance(this);
    //检查是否有缺省
    if(!netManager.hasDefaultNet()) {
        return;
    }
    NetHandle netHandle = netManager.getDefaultNet();
    netManager.addDefaultNetStatusCallback(new NetStatusCallback(){
        //网络正常
        @Override
        public void onAvailable(NetHandle handle) {
            super.onAvailable(handle);
            HiLog.info(LABEL,"网络正常");
        }
        //网络阻塞
        @Override
        public void onBlockedStatusChanged(NetHandle handle, boolean blocked)
{
            super.onBlockedStatusChanged(handle, blocked);
            HiLog.info(LABEL,"网络阻塞");
        }
    });
    HttpURLConnection connection = null;
    InputStream in = null;
    BufferedReader reader = null;
    String resText = "";
    try {
        URL url = new URL(urlstring);
        connection = (HttpURLConnection)url.openConnection();
        //设置请求方式
        connection.setRequestMethod("GET");
        connection.setConnectTimeout(15000);
        connection.setReadTimeout(60000);
        connection.setRequestProperty("api-key", apiKey);
        //发送请求
        connection.connect();
        if(connection.getResponseCode()==200) {
            in = connection.getInputStream();
            reader = new BufferedReader(new InputStreamReader(in,"UTF-8"));
            StringBuilder response = new StringBuilder();
            String line = null;
            while ((line = reader.readLine()) != null) {
                response.append(line);
                response.append("\r\n");
            }
            resText = response.toString();
            System.out.println("response=" + resText);
```

```
            try {
                JsonBean jsonBean = new Gson().fromJson(resText, JsonBean.class);
                if (code==1) {
                    myEventHandler.sendEvent(InnerEvent.get(1, jsonBean));
                }
                if (code==2) {
                    myEventHandler.sendEvent(InnerEvent.get(2, jsonBean));
                }
            } catch (JsonIOException jsonIOException) {
                jsonIOException.printStackTrace();
            } catch (NullPointerException nullPointerException) {
                nullPointerException.printStackTrace();
            }
        }
    } catch (IOException ioException) {
        ioException.printStackTrace();
    } finally {
        if (reader != null) {
            try {
                reader.close();
            } catch (IOException ioException) {
                ioException.printStackTrace();
            }
        }
        if (in != null) {
            try {
                in.close();
            } catch (IOException ioException) {
                ioException.printStackTrace();
            }
        }
        //断开连接
        connection.disconnect();
    }
    return;
}
```

在异步处理线程中，判断 eventId，进行对应事件的处理操作。步骤如下：使用 Google 开发的 GSON 库进行 JSON 类型数据解析，将温湿度数据在对应位置实时显示。同时设置高温警报，若温度高于 30℃，则页面出现高温警报的提示（此阈值是为了便于测试实验效果）。

```
private class MyEventHandler extends EventHandler {
    public MyEventHandler(EventRunner runner) throws IllegalArgumentException {
        super(runner);
    }
    @Override
    protected void processEvent(InnerEvent event) {
        super.processEvent(event);
        if(event==null) {
            return;
        }
        if(event.eventId==1) {
            JsonBean jsonBean = (JsonBean)event.object;
            float tem = jsonBean.getData().getCurrent_value();
            String tempText = Float.toString(tem);
```

```
        temp.setText(tempText);
        if (tem>=30.0) {
            icon.setVisibility(Component.VISIBLE);
            alarm.setVisibility(Component.VISIBLE);
        }
    }
    if(event.eventId==2) {
        JsonBean jsonBean = (JsonBean)event.object;
        float humid = jsonBean.getData().getCurrent_value();
        String humText = Float.toString(humid);
        hum.setText(humText);
    }
}
}
public static class JsonBean {
    public int errno;
    public Data data;
    public String error;
    static class Data {
        public String update_at;
        public String id;
        public String create_time;
        public float current_value;
        public String getUpdate_at() {
            return update_at;
        }
        public String getId() {
            return id;
        }
        public String getCreate_time() {
            return create_time;
        }
        public float getCurrent_value() {
            return current_value;
        }
    }
    public int getErrno() {
        return errno;
    }
    public Data getData() {
        return data;
    }
    public String getError() {
        return error;
    }
}
```

1.3　成果展示

Hi3861 开发板实现效果如图 1-6 所示,高温 LED 发光效果如图 1-7 所示,串口监视器效果如图 1-8 所示,鸿蒙 App 页面效果如图 1-9 所示。

图 1-6　Hi3861 开发板实现效果

图 1-7　高温 LED 发光效果

```
FileSystem mount ok.
wifi init success!
hilog will init.
hievent will init.
hievent init success.
hiview init success.+NOTICE:SCANFINISH
WiFi: Scan results available
No crash dump found!
SSID: iPhone
SSID: CMCC-xvwt
SSID: linksys201
SSID: CMCC-n22s
SSID: TP-LINK_1003
SSID: Mi ax9000
SSID:
SSID:
+NOTICE:CONNECTED
WiFi: Connected
DHT11 Init Successful!!Temperature = 27
Humidity = 65
buffer : {"temperature":27}
buffer : {"humidity":65}
Temperature = 27
Humidity = 65
buffer : {"temperature":27}
buffer : {"humidity":65}
Temperature = 27
Humidity = 65
buffer : {"temperature":27}
buffer : {"humidity":65}
Temperature = 27
Humidity = 65
```

图 1-8　串口监视器效果

图 1-9　App 页面效果

1.4　元件清单

完成本项目所需的元件及数量如表 1-2 所示。

表 1-2　元件清单

元件/测试仪表	数　量	元件/测试仪表	数　量
面包板	1 个	DHT11 温湿度传感器	1 个
Hi3861 开发板	1 个	LED	1 个

项目 2

控制麦克风

本项目通过鸿蒙 App 控制 Hi3861 开发板,实现控制麦克风音量。

项目 2

2.1 总体设计

本部分包括系统架构和系统流程。

2.1.1 系统架构

系统架构如图 2-1 所示,Hi3861 开发板与外设引脚连线如表 2-1 所示。

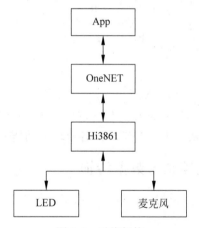

图 2-1 系统架构

表 2-1 Hi3861 开发板与外设引脚连线

Hi3861 开发板	LED	麦 克 风
GPIO12	+	/
GND	−	/
VIN(ARF)	/	Vcc
GND	/	GND
GPIO11	/	模拟输出

2.1.2 系统流程

系统流程如图 2-2 所示。

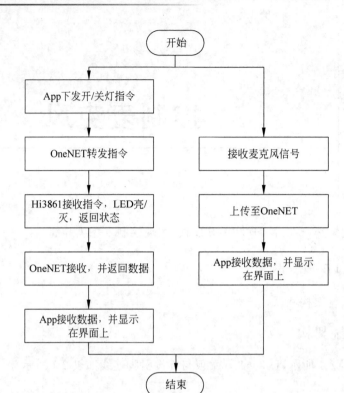

图 2-2　系统流程

2.2　模块介绍

本项目使用 VSCode 和 DevEco Studio 开发，包括 LED、麦克风控制与数据传输，WiFi 模块，OneNET 云平台和前端模块。下面分别给出各模块的功能介绍及相关代码。

2.2.1　LED、麦克风控制与数据传输

实现 LED 的开关、麦克风控制与数据传输的相关代码如下：

```
#include <stdio.h>
#include <unistd.h>
#include "MQTTClient.h"
#include "onenet.h"
#include "iot_gpio.h"
#include "ohos_init.h"
#include "cmsis_os2.h"
#include <unistd.h>
#include "hi_wifi_api.h"
#include "wifi_sta.h"
#include "lwip/ip_addr.h"
#include "lwip/netifapi.h"
#include "lwip/sockets.h"
#include <hi_types_base.h>
#include <hi_io.h>
#include <hi_early_debug.h>
#include <hi_gpio.h>
#include <hi_task.h>
```

```
#include <hi_adc.h>
#include <hi_stdlib.h>
#include <hi_early_debug.h>
#define APP_INIT_VAP_NUM    2
#define APP_INIT_USR_NUM    2
#define LED_GPIO 9
#define LED_VOICE 12
#define ONENET_INFO_DEVID "962059525"
#define ONENET_INFO_AUTH "20220622"
#define ONENET_INFO_APIKEY "GyN5UFRnrrc9Qnf7kXrkkFfIess="
#define ONENET_INFO_PROID "530311"
#define ONENET_MASTER_APIKEY "=wsZ4Wod7zmKwftmIcifSj6tEjo="
void onenet_cmd_rsp_cb(uint8_t * recv_data, size_t recv_size, uint8_t ** resp_data,
size_t * resp_size)
{
    //printf("recv data is %.*s\n", recv_size, recv_data);
    if (strcmp(recv_data, "101") < 0){
        IoTGpioSetDir(LED_GPIO, 1);
    }
    else{
        IoTGpioSetDir(LED_GPIO, 0);
    }
    * resp_data = NULL;
    * resp_size = 0;
}
static hi_u16 AdcGPIOTask(){
    hi_u32 ret;
    hi_u16 val;
    hi_io_set_func(HI_GPIO_IDX_11,HI_IO_FUNC_GPIO_11_GPIO);
    //hi_gpio_set_dir(HI_GPIO_IDX_11,HI_GPIO_DIR_IN);
    ret = hi_adc_read(HI_ADC_CHANNEL_5, &val, HI_ADC_EQU_MODEL_1, HI_ADC_CUR_BAIS_
DEFAULT, 0);
    return val;
}
int onenet_test(void)
{
    //init onenet
    printf("init onenet\n");
    device_info_init(ONENET_INFO_DEVID, ONENET_INFO_PROID, ONENET_INFO_AUTH,
ONENET_INFO_APIKEY, ONENET_MASTER_APIKEY);
    onenet_mqtt_init();
    printf("init gpio\n");
    hi_gpio_init();
    IoTGpioInit(HI_GPIO_IDX_11);
    IoTGpioInit(LED_GPIO);
    IoTGpioSetDir(HI_GPIO_IDX_11,IOT_GPIO_DIR_IN);
    IoTGpioSetDir(LED_GPIO,IOT_GPIO_DIR_OUT);
    IoTGpioInit(LED_VOICE);
    IoTGpioSetDir(LED_VOICE,IOT_GPIO_DIR_OUT);
    usleep(1);
    while (1)
    {
        printf("read adc\n");
hi_u16 voice = AdcGPIOTask();
printf("voice is %d\n",voice);
```

```
        onenet_mqtt_upload_digit("voice",(float)voice);
        if (voice > 180){
            IoTGpioSetOutputVal(LED_VOICE, 1);
            printf("on\n");
        }
        else{
            IoTGpioSetOutputVal(LED_VOICE, 0);
            printf("off\n");
        }
printf("post!\n");
        onenet_set_cmd_rsp_cb(onenet_cmd_rsp_cb);
        sleep(1);
    }
    return 0;
}
```

2.2.2　WiFi 模块

实现 WiFi 连接的相关代码请扫描二维码获取。

2.2.3　OneNET 云平台

本部分包括创建账号、创建产品、添加设备和相关代码。

1. 创建账号

登录网页 https://open.iot.10086.cn/passport/reg/，按要求填写注册信息后进行实名认证。

2. 创建产品

进入 Studio 平台后，在全部产品服务中选择多协议接入，单击"添加产品"按钮，在弹出页面中按照提示填写产品信息。本项目采用 MQTT 协议接入。

3. 添加设备

单击"设备管理"按钮，选择"添加设备"按钮，按照提示填写相关信息。

4. 相关代码

实现连接 OneNET 云平台的相关代码如下：

```
    private String api_key = "GyN5UFRnrrc9Qnf7kXrkkFfIess=";
String DEVID = "962059525";
String PostUrl = "http://api.heclouds.com/cmds?device_id=" + DEVID;
String GetUrl = "http://api.heclouds.com/devices/" + DEVID + "/datastreams/voice";
    public void doPost(String url)
    public void doGet(String url)
```

2.2.4　前端模块

鸿蒙 App 页面包括定义线程类、音量实时更新、发送单击事件、发送 POST 请求、发送 GET 请求。

1. 定义线程类

```
    private void initHandler(){
    myEventHandler = new MyEventHandler(EventRunner.current());
}
```

```
private class MyEventHandler extends EventHandler{
    public MyEventHandler(EventRunner runner) throws IllegalArgumentException {
        super(runner);
    }
    @Override
    protected void processEvent(InnerEvent event){
        super.processEvent(event);
        if(event==null){
            return;
        }
        if(event.eventId == 1002
){
            JsonBean jsonBean = (JsonBean) event.object;
            float sound = jsonBean.getData().getCurrent_value();
            String soundText = Float.toString(sound);
            Voice.setText(soundText);
        }
        if(event.eventId == 1102
){
            led_status.setText("当前状态:灭");
        }
        if(event.eventId == 1100
){
            led_status.setText("当前状态:亮");
        }
    }
}
```

2. 音量实时更新

```
//Timer用来重复获取数据并更新界面
private Timer timer = new Timer();
    timer.schedule(new TimerTask() {
    @Override
    public void run() {
        doGet(GetUrl);
    }
},0,600
);                                                              //每600ms更新一次界面
```

3. 发送单击事件

```
OnButton.setClickedListener(new Component.ClickedListener() {
    @Override
    public void onClick(Component component) {
        new Thread(new Runnable() {
            @Override
            public void run() {
                doPost(PostUrl, "100", 1100
);
            }
        }).start();
    }
});    OffButton.setClickedListener(new Component.ClickedListener() {
    @Override
    public void onClick(Component component) {
        new Thread(new Runnable() {
```

```
                        @Override
                        public void run() {
                            doPost(PostUrl, "102", 1102
);
                        }
                }).start();
            }
    });
}
```

4. 发送 POST 请求

```
public void doPost(String url,String data, int reqCode){
    HttpURLConnection postConnection = null;
    URL PostURl;
    try{
        PostURl = new URL(url);
        postConnection = (HttpURLConnection) PostURl.openConnection();
        postConnection.setConnectTimeout(40000);
        postConnection.setReadTimeout(30000);
        postConnection.setRequestMethod("POST");
        //请求需设置为 true
        postConnection.setDoOutput(true);
        postConnection.setDoInput(true);
        postConnection.setRequestProperty ("Content-Type","application/octet-
stream");
        postConnection.setRequestProperty("api-key",api_key);
        DataOutputStream    dos    =    new    DataOutputStream (postConnection.
getOutputStream());
        dos.write(data.getBytes(StandardCharsets.UTF_8));
        //输出流缓冲
        dos.flush();
        BufferedReader    IN    =    new    BufferedReader (new    InputStreamReader
(postConnection.getInputStream()));
        String Line;
        String result = "";
        while ((Line = IN.readLine())!= null){
            result += Line;
        }
        //线程投递
myEventHandler.sendEvent(InnerEvent.get(reqCode));
    }catch (Exception e){
        e.printStackTrace();
    }
}
```

5. 发送 GET 请求

```
public void doGet(String url){
    NetManager manager = NetManager.getInstance(this);
    if(!manager.hasDefaultNet()){
        return;
    }
    NetHandle netHandle = manager.getDefaultNet();
    manager.addDefaultNetStatusCallback(new NetStatusCallback(){
        @Override
        public void onAvailable(NetHandle handle) {
```

```
                super.onAvailable(handle);
                HiLog.info(LABEL,"网络正常");
            }
            @Override
            public void onBlockedStatusChanged(NetHandle handle, boolean blocked) {
                super.onBlockedStatusChanged(handle, blocked);
                HiLog.info(LABEL,"网络阻塞");
            }
        });
        HttpURLConnection GetConnection = null;
        InputStream inputStream = null;
        BufferedReader br= null;
        String result = null;                                //返回结果
        try{
            //创建 URL
            URL url1 = new URL(url);
            //通过 URL 打开连接
            GetConnection = (HttpURLConnection) url1.openConnection();
            //连接方式为 GET
            GetConnection.setRequestMethod("GET");
            //设置连接主机服务器端的超时时间:20000ms
            GetConnection.setConnectTimeout(20000);
            //设置读取远程返回的数据时间:60000ms
            GetConnection.setReadTimeout(60000);
            GetConnection.setRequestProperty("api-key",api_key);
            GetConnection.connect();
            if(GetConnection.getResponseCode() == 200){
                inputStream = GetConnection.getInputStream();
                //封装输入流,指定字符集为 UTF-8
                br = new BufferedReader(new InputStreamReader(inputStream,"UTF-8"));
                //存取数据
                StringBuffer stringBuffer = new StringBuffer();
                String temp = null;
                while((temp = br.readLine()) != null){
                    stringBuffer.append(temp);
                    stringBuffer.append("\r\n");
                }
                result = stringBuffer.toString();
                System.out.println("response=" + result);
                try{
                    //处理 Json 数据
                    //利用定义的 JsonBean 类,取得相应的 key-value
                    JsonBean jsonBean = new Gson().fromJson(result,JsonBean.class);
                    //线程投递
myEventHandler.sendEvent(InnerEvent.get(1002,jsonBean));
                }
 catch (JsonIOException e) {
                    e.printStackTrace();
                } catch (NullPointerException e) {
                    e.printStackTrace();
                }
            }
        } catch (UnsupportedEncodingException unsupportedEncodingException) {
            unsupportedEncodingException.printStackTrace();
        } catch (ProtocolException protocolException) {
```

```
        protocolException.printStackTrace();
    } catch (IOException e) {
        e.printStackTrace();
    }
}
```

2.3 成果展示

Hi3861 开发板实现效果如图 2-3 所示，鸿蒙 App 的实现效果如图 2-4 所示。

图 2-3 Hi3861 开发板实现效果

图 2-4 App 页面效果

2.4 元件清单

完成本项目所需的元件及数量如表 2-2 所示。

表 2-2 元件清单

元件/测试仪表	数　　量	元件/测试仪表	数　　量
面包板	1个	KY-037	1个
Hi3861	1个	LED	1个

项目 3

监 测 谎 言

本项目通过鸿蒙 App 控制 Hi3861 开发板，监测用户的心率，基于心跳变化，判断用户是否说谎。

3.1 总体设计

本部分包括系统架构和系统流程。

3.1.1 系统架构

系统架构如图 3-1 所示，Hi3861 开发板与外设引脚连线如表 3-1 所示。

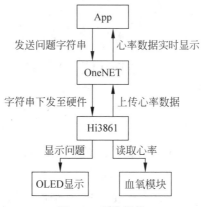

图 3-1 系统架构

表 3-1 Hi3861 开发板与外设引脚连线

Hi3861 开发板	OLED	MAX30102 血氧模块
GND	GND	GND
3.3V	VIN	VIN
GPIO13	SDA	SDA
GPIO14	SCL	SCL

3.1.2 系统流程

系统流程如图 3-2 所示。

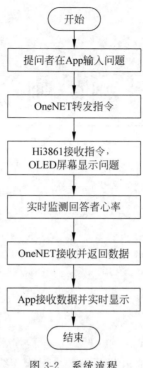

图 3-2 系统流程

3.2 模块介绍

本部分包括 OLED 显示、WiFi 模块、血氧模块、OneNET 云平台和前端模块。下面分别给出各模块的功能介绍及相关代码。

3.2.1 OLED 显示

本模块将问题呈现到 OLED 显示屏上，重点在于实现 I2C 通信，调用其常用 API 接口，如表 3-2 所示。

表 3-2 API 接口与说明

API 接口	说 明
I2cInit（WifiIotI2cIdx id, unsigned int baudrate）	用指定的波特速率初始化 I2C 设备
I2cDeinit（WifiIotI2cIdx id）	取消初始化 I2C 设备
I2cWrite（WifiIotI2cIdx id, unsigned short deviceAddr, const WifiIotI2cData * i2cData）	将数据写入 I2C 设备
I2cRead（WifiIotI2cIdx id, unsigned short deviceAddr, const WifiIotI2cData * i2cData）	从 I2C 设备中读取数据
I2cWriteread（WifiIotI2cIdx id, unsigned short deviceAddr, const WifiIotI2cData * i2cData）	向 I2C 设备发送数据并接收数据响应
I2cRegisterResetBusFunc（WifiIotI2cIdx id, WifiIotI2cFunc pfn）	注册 I2C 设备回调
I2cSetBaudrate（WifiIotI2cIdx id, unsigned int baudrate）	设置 I2C 设备的波特率

OLED 显示的相关代码如下：

```
//显示字符串
//x,y:起点坐标
//size1:字体大小
//chr:字符串起始地址
void OLED_ShowString(u8 x,u8 y,char *chr,u8 size1)
{
    while((*chr>=' ')&&(*chr<='~'))      //判断是否为非法字符!
    {
        OLED_ShowChar(x,y,*chr,size1);
        x+=size1/2;
        if(x>128-size1)                  //换行
        {
            x=0;
            y+=2;
        }
        chr++;
    }
}
//在指定位置显示一个字符,包括部分字符
//x:0~127
//y:0~63
//size:选择字体 12/16/24
//取模方式:逐列式
void OLED_ShowChar(u8 x,u8 y,u8 chr,u8 size1)
{
    u8 i,m,temp,size2,chr1;
    u8 y0=y;
    size2=(size1/8+ ((size1%8)?1:0))*(size1/2);  //得到字体一个字符对应点阵集所占的字节数
    chr1=chr- ' ';                         //计算偏移后的值
    for(i=0;i<size2;i++)
    {
            //temp=asc2_1206[chr1][i];
            if(size1==12)
        {temp=asc2_1206_1[chr1][i];}     //调用 1206 字体
            else if(size1==16)
        {temp=asc2_1608_1[chr1][i];}     //调用 1608 字体
            else return;
        for(m=0;m<8;m++)                 //写入数据
        {
            if(temp&0x80)OLED_DrawPoint(x,y);
            else OLED_ClearPoint(x,y);
            temp<<=1;
            y++;
            if((y-y0)==size1)
            {
                y=y0;
                x++;
                break;
            }
        }
    }
}
//清屏函数
void OLED_Clear(void)
{
```

```
    u8 i,n;
    for(i=0;i<8;i++)
    {
        for(n=0;n<128;n++)
                    {
                     OLED_GRAM[n][i]=0;//清除所有数据
                    }
    }
    OLED_Refresh();                          //更新显示
}
//画点
//x:0~127
//y:0~63
void OLED_DrawPoint(u8 x,u8 y)
{
    u8 i,m,n;
    i=y/8;
    m=y%8;
    n=1<<m;
    OLED_GRAM[x][i]|=n;
}
//清除一个点
//x:0~127
//y:0~63
void OLED_ClearPoint(u8 x,u8 y)
{
    u8 i,m,n;
    i=y/8;
    m=y%8;
    n=1<<m;
    OLED_GRAM[x][i]=~OLED_GRAM[x][i];
    OLED_GRAM[x][i]|=n;
    OLED_GRAM[x][i]=~OLED_GRAM[x][i];
}
hi_u32 my_i2c_write(hi_i2c_idx id, hi_u16 device_addr, hi_u32 send_len)
{
    hi_u32 status;
    hi_i2c_data es8311_i2c_data = { 0 };
    es8311_i2c_data.send_buf = g_send_data;
    es8311_i2c_data.send_len = send_len;
    status = hi_i2c_write(id, device_addr, &es8311_i2c_data);
    if (status != HI_ERR_SUCCESS) {
        printf("===== Error: I2C write status = 0x%x! =====\r\n", status);
        return status;
    }
    return HI_ERR_SUCCESS;
}
//I2C Write Command
void Write_IIC_Command(unsigned char IIC_Command)
{
    g_send_data[0] = 0x00;
    g_send_data[1] = IIC_Command;
    my_i2c_write(HI_I2C_IDX_0, 0x78, 2);
}
//I2C Write Data
```

```
void Write_IIC_Data(unsigned char IIC_Data)
{
    g_send_data[0] = 0x40;
    g_send_data[1] = IIC_Data;
    my_i2c_write(HI_I2C_IDX_0, 0x78, 2);
}
```

3.2.2　WiFi 模块

实现 WiFi 连接包括寻找可用热点和连接热点，相关代码请扫描二维码获取。

3.2.3　血氧模块

通过 MAX30102 模块读取信息并计算得到心率，MAX30102 FIFO 的深度是 32，每个 buf 是 6 字节（两通道数据，每通道 3 字节）。例如，提取的心率值，是第 3～5 个 buf 组合而成，如图 3-3 所示，相关代码如下：

FIFO(0x04-0x07)

REGISTER	B7	B6	B5	B4	B3	B2	B1	B0	REG ADDR	POR STATE	R/W
FIFO Write Pointer				FIFO_WR_PTR[4:0]					0x04	0x00	R/W
Over Flow Counter				OVF_COUNTER[4:0]					0x05	0x00	R/W
FIFO Read Pointer				FIFO_RD_PTR[4:0]					0x06	0x00	R/W
FIFO Data Register	FIFO_DATA[7:0]								0x07	0x00	R/W

图 3-3　MAX30102 模块端口

```
/**
 * @brief Initialize MAX30102
 * @param redAddr the register address to Read or Writen.
 * @return Returns{@link IOT_SUCCESS} if the operation is successful
 */
void max30102_init(void)
{
    uint8_t max30102_info = 0;
    printf("\r\n come in MAX30102 init\r\n");
    max30102_reset();
    MAX_Read_Data(REG_PART_ID, &max30102_info, 1);
    printf("REG_PART_ID = %d \n", max30102_info);  //测试是否输出 ID，I2C 是否正常
    //if(max30102_info == 1)                        //ID 不确定是多少测试
        //{
    //printf("\r\n MAX30102 init Faild \r\n");
    //return ;
        //}
    printf("\r\n MAX30102 init Successful \r\n");
    MAX_Write_Data(REG_INTR_ENABLE_1, 0xc0, 1);   //INTR setting
    MAX_Write_Data(REG_INTR_ENABLE_2, 0x00, 1);
    MAX_Write_Data(REG_FIFO_WR_PTR, 0x00, 1);       //FIFO_WR_PTR[4:0]
    MAX_Write_Data(REG_OVF_COUNTER, 0x00, 1);       //OVF_COUNTER[4:0]
    MAX_Write_Data(REG_FIFO_RD_PTR, 0x00, 1);       //FIFO_RD_PTR[4:0]
    MAX_Write_Data(REG_FIFO_CONFIG, 0x0f, 1); //sample avg = 1, fifo rollover=false,
fifo almost full = 17
```

```
    MAX_Write_Data(REG_MODE_CONFIG, 0x03,1); //0x02 for Red only, 0x03 for SpO2 mode
0x07 multimode LED
    MAX_Write_Data(REG_SPO2_CONFIG, 0x27,1); //SPO2_ADC range = 4096nA, SPO2 sample
rate (100 Hz), LED pulseWidth (400uS)
    MAX_Write_Data(REG_LED1_PA, 0x24,1);      //Choose value for ~7mA for LED1
    MAX_Write_Data(REG_LED2_PA, 0x24,1);      //Choose value for ~7mA for LED2
    MAX_Write_Data(REG_PILOT_PA, 0x7f,1);     //Choose value for ~25mA for Pilot LED
}
/**
 * @brief read FIFO data in max30102 FIFO register 0x07
 * @param RED_channel_data
 * @param IR_channel_data
 */
void max30102_FIFO_Read_Data(uint8_t *RED_channel_data, uint8_t *IR_channel_data)
{
    printf("begin to read\n");
    uint8_t buff[6];                        //LSB
    /*组合数据
    uint8_t H,M,L;
    H=buff[0]&0x03;                         //bit17-bit16
    M=buff[1];                              //bit8-bit15
    L=buff[2];                              //bit0-bit7
    *RED_channel_data = (H<<16)|(M<<8)|L;*/
    int res;
    res=MAX_Read_Data(REG_FIFO_DATA, &buff ,6);
    if(res == IOT_SUCCESS)
    {
        printf("read max30102 success\n");
        *RED_channel_data=((buff[0]<<16)|(buff[1]<<8)|(buff[2]) & 0x03ffff);
                                            //buff[0-2]组合
        *IR_channel_data=((buff[3]<<16)|(buff[4]<<8)|(buff[5]) & 0x03ffff);
                                            //buff[3-5]组合
    }
    else{
        printf("read max30102 failed\n");
    }
}
```

3.2.4　OneNET 云平台

本部分包括创建账号、创建产品、添加设备和获取信息。

1. 创建账号

登录网页 https://open.iot.10086.cn/passport/reg/，按要求填写注册信息后进行实名认证。

2. 创建产品

进入 Studio 平台后，在全部产品中选择多协议接入，单击"添加产品"按钮，在弹出页面中按照提示填写基本信息。本项目采用 MQTT 协议接入。

3. 添加设备

单击"创建产品"按钮，进入详情页面，单击菜单栏中的设备列表，按照提示添加设备。

4. 获取信息

在代码中，需要获取以下认证信息。

```
#define ONENET_INFO_DEVID "954036868"
#define ONENET_INFO_AUTH "20220604"
#define ONENET_INFO_APIKEY "Ee4chljcr7Cv1k2IOJ1ZZHZ36CY="
#define ONENET_INFO_PROID "524506"
#define ONENET_MASTER_APIKEY "01tIq=T30=4SiZAdw1VsVXgp7Sg="
```

（1）ONENET_INFO_DEVID 和 ONENET_INFO_AUTH。通过查看设备详情获取 ID 和鉴权信息，如图 3-4 所示。

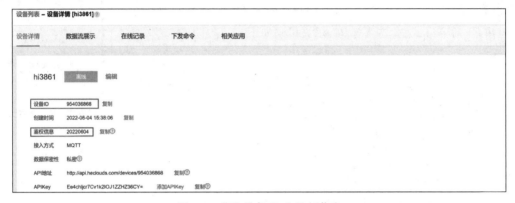

图 3-4　获取设备 ID 和鉴权信息

（2）INFO_APIKEY，添加 APIKey，如图 3-5 所示。

图 3-5　获取 APIKey

（3）INFO_PROID 和 MASTER_APIKEY。获取产品 ID 和 Master-API key，如图 3-6 所示。

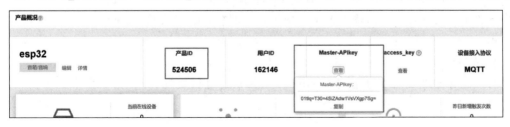

图 3-6　获取产品 ID 和 Master-API key

3.2.5　前端模块

本部分包括界面设计和程序逻辑。

1. 界面设计

在 ability_main. xml 文件中将心率图片、当前心率、心率值、问题输入文本框以及输入完毕按钮设计为垂直布局，如图 3-7 所示。

（1）图片插入。将 heartbeat. jpg 图片保存在 entry/src/main/java/resource/base/media 文件夹下，通过 ability_main. xml 对其进行调用，并设置其 ID、长、宽、上边距、缩放类型等。

（2）文本显示。通过 Text 组件创建文本内容，并设置其 ID、长、宽、上边距、对齐方式、文本大小等，相关代码如下：

```
<Text
    ohos:id="$+id:text_tem"           //文本 ID 为 text_tem
    ohos:below="$id:text_title"       //文本在 text_title 组件下方
    ohos:height="match_content"       //文本高度
    ohos:width="match_parent"         //文本宽度
    ohos:text_alignment="center"      //对齐方式为中心对齐
    ohos:top_margin="30vp"            //上边距
    ohos:text="1"                     //文本内容
    ohos:text_size="30vp"             //文本大小
/>
```

图 3-7　界面布局

（3）文本输入框。使用 TextField 组件实现文本输入框，TextField 组件与 Text 组件属性类似，独有属性为 basement（输入框基线）以及 Bubble（文本气泡），TextField 组件相关代码如下：

```
<TextField
    ohos:padding="10vp"                            //设置内边距
    ohos:text_font="# 000099
" //设置文本字体颜色
    ohos:hint="请输入问题..."                        //设置提示文字
    ohos:element_cursor_bubble="$graphic:bubble"//设置气泡 Bubble
    ohos:multiple_lines="true"                     //多行显示
    ohos:enabled="true"                            //设置可用状态,true 可用,false 不可用
    ohos:basement="#000099
" //设置基线颜色
    ohos:input_enter_key_type="enter_key_type_go"//输入键类型
    ohos:text_input_type="pattern_text"     //输入内容类型(数字、密码、文本等)
    />
```

（4）使用 Button 组件实现一个按键功能，表示文本已输入完毕。后续逻辑设计需要通过该按键的单击事件获取文本输入框中的内容，并设置其 ID、长、宽、按键背景颜色、上边距、对齐方式、文本大小等信息。

2. 程序逻辑

鸿蒙 App 软件部分的核心是与 OneNET 云平台进行交互，分为查询数据流和获取数据流两部分。

（1）查询数据流详情。

请求方式：GET。

URL 构成：http://api. heclouds. com/devices/device_id/datastreams/datastream_id。

其中，device_id 需要替换为设备 ID，datastream_id 需要替换为数据流 ID，利用 OneNET 云平台提供的 API 调试工具执行请求，观察返回内容，发现其为一个 Json 对象，如表 3-3 和

图 3-8 所示。

表 3-3　返回参数

参 数 名 称	格　式	说　明
errno	int	调用错误码，0 表示调用成功
error	string	错误描述，succ 表示调用成功
data	json	接口调用成功后返回的设备信息
id	string	数据流 ID
create_time	string	数据流创建时间
update_at	string	最新数据上传时间
current_value	string/int/json	最新数据点

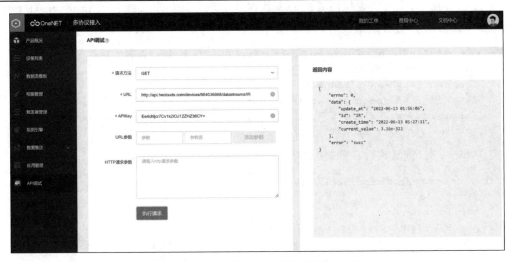

图 3-8　获取数据的 API 调试及返回内容

由查询到的数据流可知，返回内容为 Json 对象，根据其结构，定义一个 JsonBean 类，类的成员为参数 errno、data、error 与 Json 结构对应。

```
public static class JsonBean{
    public int errno;
    public Data data;
    public String error;
    …
```

定义一个内部类 Data 进行解析。

```
static class Data{
    public String update_at;
    public String id;
    public String create_time;
    public float current_value;
…
```

对每个对象定义 GET 方法，用于在外部获取 JsonBean 内部对象的值。

```
public int getErrno() {
    return errno;}
public Data getData() {
    return data;}
public String getError() {
```

```
            return error;}
    ...
```

JsonBean 类定义完成后，通过 Json 库对其进行解析，在鸿蒙操作系统中实现这个操作需要用到外部库，本项目使用 Google 开发的 Gson 库。使用前，需要在 build.gradle 文件中导入依赖，输入命令"implementation group：'com.google.code.gson'，name：'gson'，version：'2.9.0'"按钮后单击"立即同步"按钮。

在发起 GET 请求获取数据的函数中，利用 JsonBean 类和 Gson 获取键值对，从而取得心率等关键信息。

```
JsonBean jsonBean = new Gson().fromJson(result, JsonBean.class);
```

在 App 界面中，实时呈现检测者的心率数据。实现方法是定义线程类 myEventHandler，并通过 sendEvent 方法将数据投递到新线程。

```
myEventHandler.sendEvent(InnerEvent.get(1002, jsonBean));
if(event.eventId==1002){
    JsonBean jsonBean = (JsonBean) event.object;
    float tem = jsonBean.getData().getCurrent_value(); //获取最新数据点值
    String temText = Float.toString(tem);     //将其呈现在界面的 temText 位置
    textTem.setText(temText);}
```

定义 timer 类，重复执行任务，使心率数据自动更新。

```
timer.schedule(new TimerTask() {
    @Override
    public void run() {
        doGet(getUrl);}
},delay:0,period:500);                      //每 0.5s 执行一次任务后更新界面
```

（2）获取数据流。

请求方式：POST。

URL：http://api.heclouds.com/cmds? device_id＝/device_id。

利用 OneNET 云平台提供的 API 调试工具执行请求，由图 3-9 可以看出，返回内容为""errno"：10，"error"："device not online：954036868""，表示设备不在线。在此不需要关注返回内容，重点在于下达命令的数据类型。OneNET 云平台可接收 POST 请求的 body 内容为：Json、string 或二进制数据（小于 64KB）。

通过单击事件获取文本内容。在进行界面设计时，应实现按钮组件的实体，对按钮绑定单击事件，使用当前类作为接口的实现类：but.setClickedListener(this)。

事件绑定完毕后，通过 onClick 函数实现单击按钮并获取文本框中内容的操作："String message＝tf.getText();"。其中，message 为获取的文本框内容，后续下达命令可以直接调用它。

为了验证文本框内容是否成功获取，使用 Toast 弹框将信息显示在按键下方，此部分起验证作用，成功后可以删除。

```
ToastDialog td=new ToastDialog(context:this);  //补充上下文信息，为当前页面
td.setTransparent(true);                         //设置 Toast 的背景
td.setAlignment(LayoutAlignment.BOTTOM);         //位置(默认居中)
td.setOffset(0,200);                             //设置一个偏移
td.setText(message);                            //设置 Toast 的内容为获取的文本框信息
```

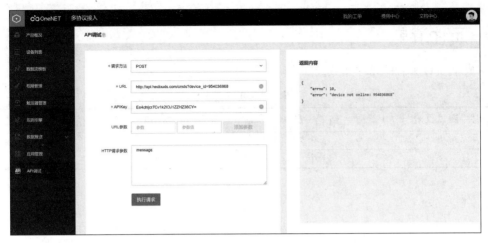

图 3-9 下达命令的 API 调试及返回内容

弹框出现于按键下方,应正确显示输入的文本信息,如图 3-10 所示。

为防阻塞主线程启用新线程发起 POST 请求,实时呈现 OLED 界面。在 dopost 函数中,将 string 类型的命令放入 POST 请求的 body中访问 API。

```
postConnection. setRequestProperty ( " Content - Type "," application/octet-stream");
postConnection.setRequestProperty("api-key", api_key);
new Thread(new Runnable() {
    @Override
    public void run() {
        doPost(postUrl, message, 1102);}
}).start();
```

首先,单击"输入完毕"按钮后,下达发送 message 的命令,提问者所输入的问题将显示在 OLED 屏幕上;然后,借助 MyEventHandler类更新界面,将当前的屏幕显示同步到页面中。

图 3-10 文本信息

3.3 成果展示

计算机屏幕左侧为 OneNET 云平台的数据波动,右侧为 App 端的界面,下方为 Hi3861 开发板实时刷新的展示效果,如图 3-11 所示;单击按键后的 OLED 显示相应数据,如图 3-12 所示。

图 3-11 开发板实时刷新结果

图 3-12 单击按键后的 OLED

3.4 元件清单

完成本项目所需的元件及数量如表 3-4 所示。

表 3-4 元件清单

元件/测试仪表	数 量	元件/测试仪表	数 量
面包板	1个	OLED 显示屏	1个
Hi3861	1个	MAX30102 血氧模块	1个

项目 4

监测心率及血氧

本项目通过鸿蒙 App 控制 Hi3861 开发板,连接传感器 MAX30102,并以绿色 LED 闪烁作为正常上传指示标志,实现心率及血氧健康监测。

4.1　总体设计

本部分包括系统架构和系统流程。

4.1.1　系统架构

系统架构如图 4-1 所示,Hi3861 开发板与外设引脚连线如表 4-1 所示。

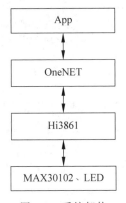

图 4-1　系统架构

表 4-1　Hi3861 开发板与外设引脚连线

Hi3861 开发板	LED	MAX30102
GPIO11	+	/
GND	−	GND
GPIO0	/	SDA
GPIO1	/	SCL
5V	/	VIN

4.1.2　系统流程

系统流程如图 4-2 所示。

图 4-2　系统流程

4.2　模块介绍

本项目由 VSCode 和 DevEco Studio 开发，包括 MAX30102 控制、WiFi 模块、OneNET 云平台和前端模块。下面分别给出各模块的功能介绍及相关代码。

4.2.1　MAX30102 控制

MAX30102 传感器原理：将 RED/IR 光射向皮肤，透过皮肤组织反射回的光被光敏传感器接收并转换成电信号，再经过 AD 转换成数字信号。简化过程为光信号转换为电信号，然后再转换为数字信号。所以需要控制光源 LED 的电流强度、采样率和光敏传感器的 ADC 精度（xbit）等。实现 MAX30102 模块的初始化、读取数据等功能，相关代码请扫描二维码获取。

4.2.2　WiFi 模块

实现 WiFi 连接相关代码请扫描二维码获取。

4.2.3　OneNET 云平台

本部分包括创建账号、创建产品、添加设备和相关代码。

1. 创建账号

登录网页 https://open.iot.10086.cn/passport/reg/，按要求填写注册信息后进行实名认证。

2. 创建产品

进入 Studio 平台后，在全部产品服务中选择多协议接入。单击"添加产品"按钮，在弹出页面中按照提示填写信息。本项目采用 MQTT 协议接入，如图 4-3 所示。

3. 添加设备

单击"设备管理"，选择"添加设备"，按照提示填写相关信息，如图 4-4 所示。

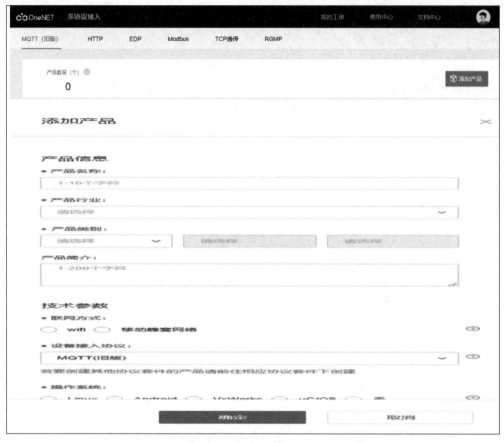

图 4-3　创建产品

图 4-4　添加设备

4．相关代码

下面给出连接 OneNET 云平台并上传数据的相关代码。

（1）VSCode 相关代码。

```c
#include <stdio.h>
#include <unistd.h>
#include "MQTTClient.h"
#include "onenet.h"
#include "max30102_hello.h"
#include "iot_gpio.h"
#include "hi_gpio.h"
#include "hi_io.h"
#define ONENET_INFO_DEVID "963010225"
#define ONENET_INFO_AUTH "20220624"
#define ONENET_INFO_APIKEY "v7H3If9mvIoZattl4GWyqXm0Gkg="
#define ONENET_INFO_PROID "530853"
#define ONENET_MASTER_APIKEY "bxyUEfSHNvAwcKke9Dy=UaPU61I="
extern int rand(void);
uint8_t IR_channel_data, RED_channel_data;
void onenet_cmd_rsp_cb(uint8_t * recv_data, size_t recv_size, uint8_t ** resp_data,
size_t * resp_size)
{
    printf("recv data is %.*s\n", recv_size, recv_data);
    * resp_data = NULL;
    * resp_size = 0;
}
int onenet_test(void)
{
    device_info_init(ONENET_INFO_DEVID, ONENET_INFO_PROID, ONENET_INFO_AUTH,
ONENET_INFO_APIKEY, ONENET_MASTER_APIKEY);
    onenet_mqtt_init();
    onenet_set_cmd_rsp_cb(onenet_cmd_rsp_cb);
    IoTGpioInit(MAX_SDA_IO0);
    IoTGpioInit(MAX_SCL_IO1);
    hi_io_set_func(MAX_SDA_IO0, HI_IO_FUNC_GPIO_0_I2C1_SDA);
    hi_io_set_func(MAX_SCL_IO1, HI_IO_FUNC_GPIO_1_I2C1_SCL);
    hi_i2c_init(MAX_I2C_IDX, MAX_I2C_BAUDRATE);
    IoTGpioInit(11);
    IoTGpioSetDir(11, IOT_GPIO_DIR_OUT);        //==LED 初始化
    //若成功,可读取 ID REG_PART_ID = %d \n
    max30102_init();                            //查看输出是 Failed 还是 Successful
    while (1)
    {
        //int value = 0;
        //value = rand() %100;
        max30102_FIFO_Read_Data( & RED_channel_data, & IR_channel_data);
        IoTGpioSetOutputVal(11, 1);
        usleep(300000);
        printf("HR= %i, \r\n", RED_channel_data);
        int ht = RED_channel_data;
        int bo = IR_channel_data;
            onenet_mqtt_upload_digit("heartrate", ht);
            onenet_mqtt_upload_digit("bloodoxygen", bo);
        /*
        if (onenet_mqtt_upload_digit("bloodoxygen", bo) < 0)
        {
            printf("upload has an error, stop uploading");
            //break;
        }
```

```
        else
        {
            printf("buffer : {\"bloodoxygen\":%d} \r\n", bo);
        }
        */
        IoTGpioSetOutputVal(11,0);
        usleep(300000);
        sleep(1);
    }
    return 0;
```

（2）鸿蒙 App 相关代码。

```
/**
 *GET 请求
 *@param context   context
 *@param urlString   请求路径
 *@return   返回值
 */
private static String sendGet(Context context, String urlString){
    NetManager netManager = NetManager.getInstance(context);
    if (!netManager.hasDefaultNet()){
//查询当前是否有默认可用的数据网络
        return "";
    }
    //获取默认的数据网络
    NetHandle netHandle = netManager.getDefaultNet();
    //网络变化
    netManager.addDefaultNetStatusCallback(new NetStatusCallback(){
    });
    //通过 openConnection 获取 URLConnection
    HttpURLConnection connection = null;
    BufferedReader reader = null;
    try {
        URL url = new URL(urlString);
        URLConnection urlConnection = netHandle.openConnection(url, Proxy.NO_
PROXY);
        if (urlConnection instanceof HttpURLConnection) {
            connection = (HttpURLConnection) urlConnection;
        }
        connection.setRequestMethod("GET");
//connection.setRequestProperty("api-key", "Enlx0s43VE9mPFpt9ulAoQi9PHw=");
        connection.setRequestProperty("api-key", APIKEY);
        connection.connect();   //打开链接,执行 connection.getInputStream()
        int responseCode = connection.getResponseCode();
        if (responseCode == 200){
            //读取响应值
            reader = new  BufferedReader ( new  InputStreamReader ( connection.
getInputStream()));
            String responseMessage = "";
            String line;
            while ((line = reader.readLine()) != null){
                responseMessage += line;
            }
            System.out.println(String.format(
"请求返回值:%s 响应值:%s", responseCode, responseMessage));
```

```
                return responseMessage;
            }
        }catch (Exception e){
            e.printStackTrace();
        }finally {
            if (reader !=null){
                try {
                    reader.close();
                }catch (Exception e){}
            }
            if (connection != null){
                connection.disconnect();
            }
        }
        return "";
    }
```

4.2.4　前端模块

鸿蒙 App 页面包含文本显示和折线图绘制。文本显示通过 Zson 模块对下发的 Json 数据进行解析，而折线图功能通过引入第三方组件 GraphView 实现。

1. Json 数据解析

```
//Json 数据结构类
 public static class Profile {
    private String at;
    private String value;
    public void setAt(String at) {
        this.at = at;
    }
    public void setValue(String value) {
        this.value = value;
    }
    public String getAt() {return this.at;}
    public String getValue() {return this.value;}
}
//采用官方的 Zson 模块解析 Json 数据
ZSONObject zsonObject = ZSONObject.stringToZSON(msg);
zsonObject = zsonObject.getZSONObject("data");
ZSONArray zsonArray = zsonObject.getZSONArray("datastreams");
zsonObject = zsonArray.getZSONObject(0);
zsonArray = zsonObject.getZSONArray("datapoints");
List<Profile> profiles = new ArrayList<>();
for(int i = 0; i < zsonArray.size(); i++) {
    zsonObject = zsonArray.getZSONObject(i);
    Profile profile = new Profile();
    profile.setAt(zsonObject.getString("at"));
    profile.setValue(zsonObject.getString("value"));
    profiles.add(profile);
}
```

2. GraphView

```
//在 build.gradle 文件中的 dependencies 模块下添加第四行代码，引入 graphView
dependencies {
```

```
implementation fileTree(dir: 'libs', include: ['*.jar', '*.har'])
testImplementation 'junit:junit:4.13.1'
ohosTestImplementation 'com.huawei.ohos.testkit:runner:2.0.0.200'
implementation 'io.openharmony.tpc.thirdlib:graphView-library:1.0.3'
}
//画折线图的流程
GraphView graph = (GraphView) findComponentById(ResourceTable.Id_graphView);
LineGraphSeries<DataPoint> series = new LineGraphSeries<DataPoint>(new DataPoint
[] {
        new DataPoint(0, 1),
        new DataPoint(1, 5),
        new DataPoint(2, 3),
        new DataPoint(3, 2),
        new DataPoint(4, 6)
    });
graph.addSeries(series);
```

4.3 成果展示

Hi3861 开发板的实现效果如图 4-5 所示,OneNET-heartrate 效果如图 4-6 所示,OneNET-bloodoxygen 效果如图 4-7 所示,鸿蒙 App 的实现效果如图 4-8 所示。

图 4-5　Hi3861 开发板传感器工作和 LED 闪烁

图 4-6　OneNET-heartrate 效果

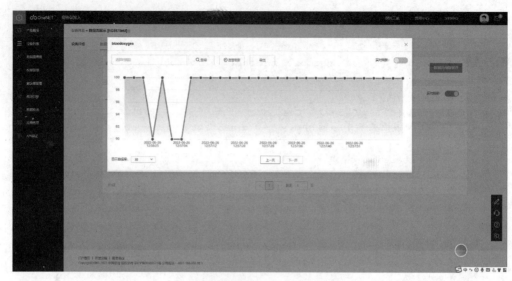

图 4-7　OneNET-bloodoxygen 效果

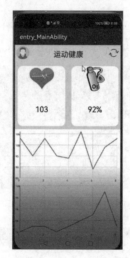

图 4-8　App 页面效果

4.4　元件清单

完成本项目所需的元件及数量如表 4-2 所示。

表 4-2　元件清单

元件/测试仪表	数　　量	元件/测试仪表	数　　量
面包板	1个	LED(绿色)	1个
Hi3861	1个	杜邦线	若干
MAX30102	1个		

智 能 安 防

本项目通过鸿蒙 App 控制 Hi3861 开发板,连接 HC-SR-04 超声波传感器,实现智能安防系统。

5.1 总体设计

本部分包括系统架构和系统流程。

5.1.1 系统架构

系统架构如图 5-1 所示,Hi3861 开发板与外设引脚连线如表 5-1 所示。

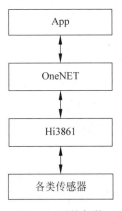

图 5-1 系统架构

表 5-1 Hi3861 开发板与外设引脚连线

Hi3861 开发板	HC-SR04 超声波	光敏传感器	蜂鸣器	OLED 串口屏
5V	VCC	VCC	VCC	VCC
GND	GND	GND	GND	GND
GPIO11	Trig	/	/	/
GPIO12	Echo	/	/	/
GPIO10	/	DO	/	/
GPIO5	/	/	I/O	/
GPIO13	/	/	/	SCL
GPIO14	/	/	/	SDA
板载 LED	/	/	/	/

5.1.2 系统流程

系统流程如图 5-2 所示。

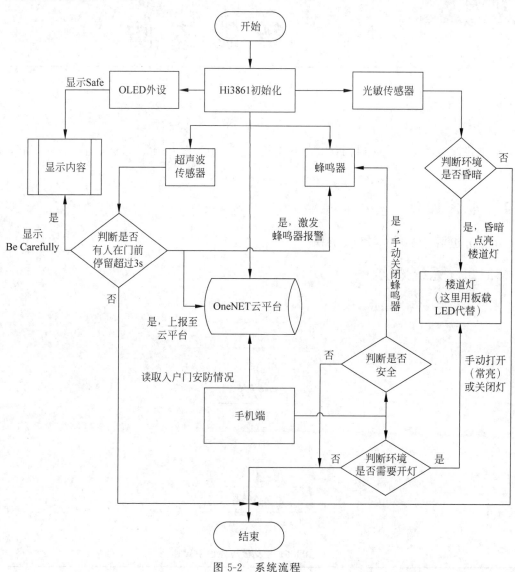

图 5-2 系统流程

5.2 模块介绍

本项目由 VSCode 和 DevEco Studio 开发,包括超声波测距、光敏感知、蜂鸣器控制、OLED 显示、WiFi 模块、OneNET 云平台和前端模块。下面分别给出各模块的功能介绍及相关代码。

5.2.1 超声波测距

该模块主要利用超声波模块进行测距,将 GPIO11 设置为输出,每个周期给 Trig 引脚发送 20~50μs 的脉冲,激发超声波模块发出 8 组超声波,当接收到返回信号时,Echo 产生相应

的高电平脉冲,脉冲的宽度、声波与返回时间有关,之后便可以计算距离,相关代码如下:

```
float GetDistance (void)
{
    static unsigned long start_time = 0, time = 0;
    float distance = 0.0;
    IotGpioValue value = IOT_GPIO_VALUE0;
    unsigned int flag = 0;
    //超声波传感器 Trig 为 GPIO11,Echo 为 GPIO12
    IoTGpioSetDir(HI_IO_NAME_GPIO_12, IOT_GPIO_DIR_IN);
    IoTGpioSetDir(HI_IO_NAME_GPIO_11, IOT_GPIO_DIR_OUT);
    //触发 Trig
    IoTGpioSetOutputVal(HI_IO_NAME_GPIO_11, IOT_GPIO_VALUE1);
    hi_udelay(20);
    IoTGpioSetOutputVal(HI_IO_NAME_GPIO_11, IOT_GPIO_VALUE0);
    //检测 Echo 高电平时间
    while (1) {
        IoTGpioGetInputVal(HI_IO_NAME_GPIO_12, &value);
        if ( value == IOT_GPIO_VALUE1 && flag == 0) {
            start_time = hi_get_us();
            flag = 1;
        }
        if (value == IOT_GPIO_VALUE0 && flag == 1) {
            time = hi_get_us() -start_time;
            start_time = 0;
            break;
        }
    }
    //计算距离
    distance = time *0.034 / 2;
    printf("[Distance]:%f.\r\n",distance);
    return distance;
}
```

5.2.2 光敏感知

通过光敏电阻感知外界光强,当外界光强低于某个阈值时,则传感器的 DO 口会给出一个高电平,根据是否接收到高电平判断板载 LED 亮灭。

```
#define LED_TEST_GPIO 9                      //使用 hispark_pegasus 开发板
void GetLight (void)
{
    IotGpioValue value = IOT_GPIO_VALUE0;
    //初始化 LED 的 GPIO
    IoTGpioInit(LED_TEST_GPIO);
    //设置为输入/输出
    IoTGpioSetDir(LED_TEST_GPIO, IOT_GPIO_DIR_OUT);
    //设置光敏传感器的 DO 口
    IoTGpioSetDir(HI_IO_NAME_GPIO_10, IOT_GPIO_DIR_IN);
        if(led_flag==2){
        IoTGpioSetDir(LED_TEST_GPIO, 1);      //LED 亮
    }
    else{
        IoTGpioGetInputVal(HI_IO_NAME_GPIO_10, &value);
        if ( value == IOT_GPIO_VALUE1 ) {
```

```
        IoTGpioSetDir(LED_TEST_GPIO, 1); //LED 亮
        led_flag = 1;
        printf("on\n");
    }
    if (value == IOT_GPIO_VALUE0 ) {
        IoTGpioSetDir(LED_TEST_GPIO, 0); //LED 灭
        led_flag = 0;
        printf("off\n");
    }
  }
}
```

5.2.3　蜂鸣器控制

通过简单的高低电平控制声响。

```
void BeepRing(void)
{
    //初始化 GPIO
    IoTGpioInit(HI_IO_NAME_GPIO_5);
    //设置为输出
    IoTGpioSetDir(HI_IO_NAME_GPIO_5, IOT_GPIO_DIR_OUT);
    //GPIO 复用
    hi_io_set_func(HI_IO_NAME_GPIO_5,HI_IO_FUNC_GPIO_5_GPIO);
    //输出低电平
    IoTGpioSetOutputVal(HI_IO_NAME_GPIO_5,0);
    beep_flag=0;
    printf("BeepRing\n");
}
void BeepStop(void)
{
    //初始化 GPIO
    IoTGpioInit(HI_IO_NAME_GPIO_5);
    //设置为输出
    IoTGpioSetDir(HI_IO_NAME_GPIO_5, IOT_GPIO_DIR_OUT);
    //GPIO 复用
    hi_io_set_func(HI_IO_NAME_GPIO_5,HI_IO_FUNC_GPIO_5_GPIO);
    //输出高电平
    IoTGpioSetOutputVal(HI_IO_NAME_GPIO_5,1);
    beep_flag=1;
    printf("BeepStop\n");
}
```

5.2.4　OLED 显示

SSD1306 逻辑功能代码如下：

```
void OLED(void)
{
    IoTGpioInit(HI_IO_NAME_GPIO_13);
    IoTGpioInit(HI_IO_NAME_GPIO_14);
    hi_io_set_func(HI_IO_NAME_GPIO_13, HI_IO_FUNC_GPIO_13_I2C0_SDA);
    hi_io_set_func(HI_IO_NAME_GPIO_14, HI_IO_FUNC_GPIO_14_I2C0_SCL);
    IoTI2cInit(0, OLED_I2C_BAUDRATE);
    usleep(20*1000);
```

```
    ssd1306_Init();
    ssd1306_Fill(Black);
    ssd1306_SetCursor(0, 0);
    if(distance_flag==0){
        ssd1306_DrawString("Be Carefully!", Font_11x18, White);
        ssd1306_UpdateScreen();
        printf("test1");
    }
    else{
        ssd1306_DrawString("Safe", Font_11x18, White);
        ssd1306_UpdateScreen();
        printf("test2");
    }

}
```

5.2.5　WiFi 模块

WiFi 连接相关代码如下：

```
void wifi_wpa_event_cb(const hi_wifi_event *hisi_event)
{
    if (hisi_event == NULL)
        return;
    switch (hisi_event->event) {
     case HI_WIFI_EVT_SCAN_DONE:
        printf("WiFi: Scan results available\n");
        break;
     case HI_WIFI_EVT_CONNECTED:
        printf("WiFi: Connected\n");
        netifapi_dhcp_start(g_lwip_netif);
        wifi_ok_flg = 1;
        break;
     case HI_WIFI_EVT_DISCONNECTED:
        printf("WiFi: Disconnected\n");
        netifapi_dhcp_stop(g_lwip_netif);
        hi_sta_reset_addr(g_lwip_netif);
        break;
     case HI_WIFI_EVT_WPS_TIMEOUT:
        printf("WiFi: wps is timeout\n");
        break;
     default:
        break;
    }
}
int hi_wifi_start_connect(void)
{
    int ret;
    errno_t rc;
    hi_wifi_assoc_request assoc_req = {0}
    rc = memcpy_s(assoc_req.ssid, HI_WIFI_MAX_SSID_LEN + 1, "OCF24", 8);
    if (rc != EOK) {
    return -1;
    }
    //热点加密方式
```

```
    assoc_req.auth = HI_WIFI_SECURITY_WPA2PSK;
    //热点密码
    memcpy(assoc_req.key, "xxxxxxxx", 8);
    ret = hi_wifi_sta_connect(&assoc_req);
    if (ret != HISI_OK) {
        return -1;
     }
    return 0;
}
int hi_wifi_start_sta(void)
{
    int ret;
    char ifname[WIFI_IFNAME_MAX_SIZE + 1] = {0};
    int len = sizeof(ifname);
    const unsigned char wifi_vap_res_num = APP_INIT_VAP_NUM;
    const unsigned char wifi_user_res_num = APP_INIT_USR_NUM;
    unsigned int   num = WIFI_SCAN_AP_LIMIT;
    ret = hi_wifi_sta_start(ifname, &len);
    if (ret != HISI_OK) {
      return -1;
     }
    ret = hi_wifi_register_event_callback(wifi_wpa_event_cb);
    if (ret != HISI_OK) {
      printf("register wifi event callback failed\n");
    }
     g_lwip_netif = netifapi_netif_find(ifname);
     if (g_lwip_netif == NULL) {
     printf("%s: get netif failed\n", __FUNCTION__);
     return -1;
      }
    //开始扫描附近的 WiFi 热点
    ret = hi_wifi_sta_scan();
    if (ret != HISI_OK) {
    return -1;
     }
    sleep(5);
    hi_wifi_ap_info *pst_results = malloc(sizeof(hi_wifi_ap_info) * WIFI_SCAN_AP_
LIMIT);
    if (pst_results == NULL) {
       return -1;
    }
    //将扫描到的热点结果进行存储
    ret = hi_wifi_sta_scan_results(pst_results, &num);
    if (ret != HISI_OK) {
        free(pst_results);
        return -1;
    }
    //打印扫描到的所有热点
    for (unsigned int loop = 0; (loop < num) && (loop < WIFI_SCAN_AP_LIMIT); loop++) {
       printf("SSID: %s\n", pst_results[loop].ssid);
    }
    free(pst_results);
    //开始接入热点
    ret = hi_wifi_start_connect();
    if (ret != 0) {
```

```
        return -1;
    }
    return 0;
}
void wifi_sta_task(void *arg)
{
 arg = arg;
 //连接热点
 hi_wifi_start_sta();
  while(wifi_ok_flg == 0)
  {
    usleep(30000);
  }
usleep(2000000);
```

5.2.6　OneNET 云平台

本部分包括创建账号、创建产品、添加设备和相关代码。

1. 创建账号

登录网页 https://open.iot.10086.cn/passport/reg/，按要求填写注册信息后进行实名认证。

2. 创建产品

进入 Studio 平台后，在全部产品服务中选择多协议接入。单击"添加产品"按钮，在弹出页面中按照提示填写产品信息。本项目采用 MQTT 协议接入，如图 5-3 所示。

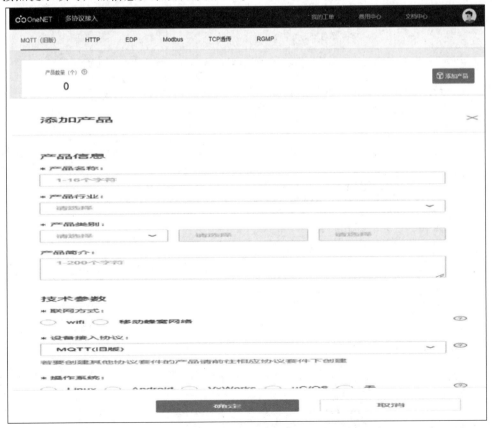

图 5-3　创建产品

3. 添加设备

单击"设备管理"，选择"添加设备"，按照提示填写相关信息，如图 5-4 所示。

图 5-4 添加设备

4. 相关代码

下面给出实现连接 OneNET 云平台及整个系统的逻辑控制代码。

```
void onenet_cmd_rsp_cb(uint8_t *recv_data, size_t recv_size, uint8_t **resp_data,
size_t *resp_size)
{
    printf("recv data is %.*s\n", recv_size, recv_data);
    strcpy(temp1, (char *)(recv_data));        //暂存 recv data
    int messageCode = (temp1[2] -'0');
    printf("messageCode is %d\n", messageCode);
    if(messageCode==0){
        BeepStop();
        printf("Beep\n");
    }
    if(messageCode==1){
        IoTGpioSetDir(LED_TEST_GPIO, 1);       //LED 亮
        led_flag = 2;
        printf("LED ON\n");
    }
    if(messageCode==2){
        IoTGpioSetDir(LED_TEST_GPIO, 1);       //LED 灭
        led_flag = 0;
        printf("LED OFF\n");
    }
    *resp_data = NULL;
    *resp_size = 0;
}
int onenet_test(void)
{
        device_info_init(ONENET_INFO_DEVID, ONENET_INFO_PROID, ONENET_INFO_AUTH,
ONENET_INFO_APIKEY, ONENET_MASTER_APIKEY);
    onenet_mqtt_init();
```

```
onenet_set_cmd_rsp_cb(onenet_cmd_rsp_cb);
IoTWatchDogDisable();
while (1)
{
    GetLight();
    temp = GetDistance();
    OLED();
    //连续判断,防止错判
    if(temp<3){
        count++;
    }
    else{
        count=0;
    }
    if(temp<3&&count>3){
        BeepRing();                        //蜂鸣器响
        printf("[Beep]:%d.\r\n",beep_flag);
        distance_flag=0;
        printf("[person]:%d.\r\n",distance_flag);
    }
    else{
        BeepStop();                        //蜂鸣器不响
        printf("[person]:%d.\r\n",distance_flag);
        distance_flag=1;
    }
    //上传至 OneNET
    if (onenet_mqtt_upload_digit("person", distance_flag) < 0)
    {
        printf("upload has an error, stop uploading");
        //break;
    }
    else
    {
        printf("buffer : {\"person\":%d} \r\n", distance_flag);
    }
    sleep(1);
}
return 0;
}
```

5.2.7　前端模块

本部分包括界面设计和发送 POST 请求。

1. 界面设计

```xml
<?xml version="1.0" encoding="utf-8"?>
<DirectionalLayout
    xmlns:ohos="http://schemas.huawei.com/res/ohos"
    ohos:height="match_parent"
    ohos:width="match_parent"
    ohos:alignment="horizontal_center"
    ohos:orientation="vertical">
    <Text
        ohos:id="$+id:text_type_get"
        ohos:height="60vp"
```

```
            ohos:width="match_parent"
            ohos:text_alignment="center"
            ohos:layout_alignment="horizontal_center"
            ohos:text="GET 请求"
            ohos:text_size="30vp"
            />
    <Text
            ohos:id="$+id:text_type_post"
            ohos:height="60vp"
            ohos:text_alignment="center"
            ohos:width="match_parent"
    ohos:background_element="#ed6262"
            ohos:layout_alignment="horizontal_center"
            ohos:text="POST 请求"
            ohos:text_size="30vp"
            />
    <ScrollView
            ohos:height="match_parent"
            ohos:width="match_parent"
            >
            <DirectionalLayout
                ohos:height="match_parent"
                ohos:width="match_parent">
                <Text
                    ohos:id="$+id:text_result"
                    ohos:height="match_parent"
                    ohos:multiple_lines="true"
                    ohos:text_alignment="center"
                    ohos:width="match_parent"
                    ohos:layout_alignment="horizontal_center"
                    ohos:text="显示结果"
                    ohos:text_size="20vp"
                    />
</DirectionalLayout>
</ScrollView>
</DirectionalLayout>
```

2. 发送 POST 请求

```
package com.example.afinal.slice;
import com.example.afinal.ResourceTable;
import ohos.aafwk.ability.AbilitySlice;
import ohos.aafwk.content.Intent;
import ohos.agp.components.Component;
import ohos.agp.components.Text;
import okhttp3.*;
import java.io.IOException;
public class MainAbilitySlice extends AbilitySlice {
    //private static AbilityForm textResult;
    Text TextGet, TextPost, textResult;
    private boolean status;
    final String cloud_url =
            "http://api.heclouds.com/cmds?device_id=962845387";
    @Override
    public void onStart(Intent intent) {
        super.onStart(intent);
```

```java
            super.setUIContent(ResourceTable.Layout_ability_main);
        TextGet = findComponentById(ResourceTable.Id_text_type_get);
        TextPost = findComponentById(ResourceTable.Id_text_type_post);
        textResult = findComponentById(ResourceTable.Id_text_result);
        TextGet.setClickedListener(new Component.ClickedListener() {
            @Override
            public void onClick(Component component) {
                OkHttpClient client = new OkHttpClient();
                Request.Builder requestBuilder = new Request.Builder();
                requestBuilder. addHeader ( " api - key "," CT0J7NvniU4E5hsdH4emD =
FzKs0=");
                    HttpUrl. Builder urlBuilder = HttpUrl. parse ("http://api. heclouds.
 com/devices/962845387/datapoints").newBuilder();    //todo 接口链接
                urlBuilder.addQueryParameter("datastream_id", "temperature");
                                                                        //参数
                urlBuilder.addQueryParameter("limit","4");    //密钥
                requestBuilder.url(urlBuilder.build());
                Call call = client.newCall(requestBuilder.build());
                call.enqueue(new Callback() {
                    @Override
                    public void onFailure(Call call, IOException e) {
                        //todo 失败回调需要回到主线程显示结果
                        getUITaskDispatcher().asyncDispatch(new Runnable()
{

                            @Override
                            public void run() {
                                textResult.setText(e.getMessage());
                            }
                        });
                    }
                    @Override
                    public void onResponse (Call call, Response response) throws
    IOException {
                        if (response.isSuccessful()) {
                            String result = response.body().string();
                            //处理界面需要切换到界面线程处理
                            getUITaskDispatcher().asyncDispatch(new Runnable() {
                                @Override
                                public void run() {
                                    textResult.setText(result);
                                }
                            });
                        }
                    }
                });
            }
        });
        TextPost.setClickedListener(new Component.ClickedListener() {
            @Override
            public void onClick(Component component) {
                textResult.setText("post can be pressed");
                OkHttpClient client = new OkHttpClient();
                FormBody body = new FormBody.Builder()
                        .add("temperature", "77")//日期参数
                        .build();
```

```
                    Request request = new Request.Builder()
                        .header("api-key", "CT0J7NvniU4E5hsdH4emD=FzKs0=")
                        .url("http://api.heclouds.com/cmds?device_id=962845387")
                        .post(body)
                        .build();
                Call call = client.newCall(request);
                call.enqueue(new Callback() {
                    @Override
                    public void onFailure(Call call, IOException e) {
                        //失败回调需要回到主线程显示结果
                        getUITaskDispatcher().asyncDispatch(new Runnable()
{

                            @Override
                            public void run() {
                                textResult.setText(e.getMessage());
                            }
                        });
                    }
                    @Override
                    public void onResponse(Call call, Response response) throws
IOException {

                        if (response.isSuccessful()) {
                            String result = response.body().string();
                            //处理界面需要切换到界面线程处理
                            //失败回调需要回到主线程显示结果
                            getUITaskDispatcher().asyncDispatch(new Runnable() {
                                @Override
                                public void run() {
                                    textResult.setText(result);
                                }
                            });
                        }
                    }
                });
            }
        });
    }
```

5.3 产品展示

Hi3861 开发板的实现效果如图 5-5 所示，串口监视器效果如图 5-6 所示，鸿蒙 App 的实现效果如图 5-7 所示。

图 5-5 Hi3861 开发板实现效果

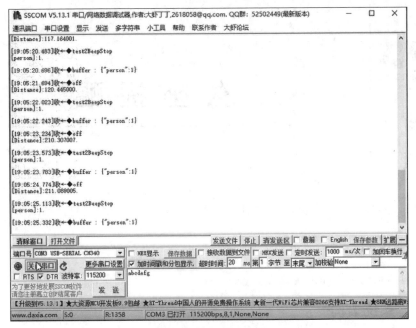

图 5-6　串口监视器效果

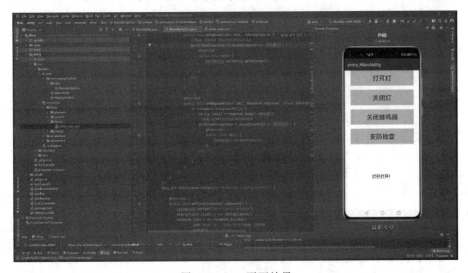

图 5-7　App 页面效果

5.4　元件清单

完成本项目所需的元件及数量如表 5-2 所示。

表 5-2　元件清单

元件/测试仪表	数　量	元件/测试仪表	数　量
面包板	1 个	光敏模块	1 个
Hi3861	1 个	蜂鸣器	1 个
HC-SR04 超声波传感器	1 个	OLED 串口屏	1 个

久 坐 提 醒

本项目通过 Hi3861 开发板控制 OLED 屏实时显示时间,帮助用户把握工作时间。

6.1 总体设计

本部分包括系统架构和系统流程。

6.1.1 系统架构

系统架构如图 6-1 所示,Hi3861 开发板与外设引脚连线如表 6-1 所示。

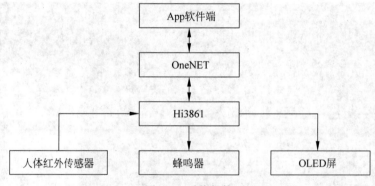

图 6-1 系统架构

表 6-1 Hi3861 开发板与外设引脚连线

Hi3861 开发板	HC-SR501	无源蜂鸣器	0.96 英寸* OLED 屏
GPIO0	/	PIN2	/
GPIO10	PIN2	/	/
GPIO13,SDA	/	/	PIN4
GPIO14,SCL	/	/	PIN3
VCC	PIN1	PIN1	PIN2
GND	PIN3	PIN3	PIN1

6.1.2 系统流程

系统流程如图 6-2 所示。

---

* 1 英寸=2.54 厘米。

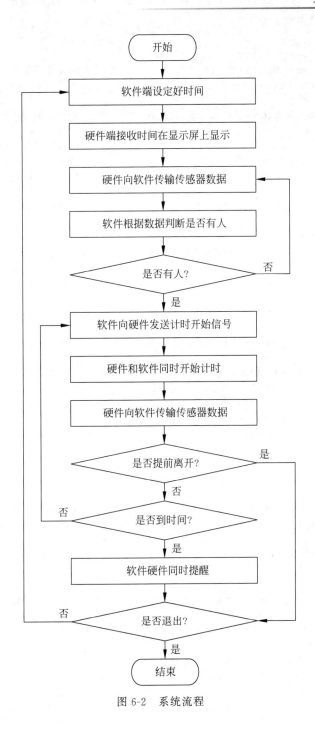

图 6-2 系统流程

6.2 模块介绍

本项目由 VSCode 和 DevEco Studio 开发，包括主逻辑、OLED 显示、WiFi 模块、OneNET 云平台和前端模块。下面分别给出各模块的功能介绍及相关代码。

6.2.1 主逻辑

实现不同情况下 OLED 屏显示信息和上传数据的相关代码如下：

```
while (1)
{
    startTime = HAL_GetTick();                          //为了精准控制一轮的时间,需要计时
    if (startFlag == 1)                                 //如果开始计时
    {
        sitStartTime = HAL_GetTick();                   //记录开始坐下的时间
        sit = true;                                     //设置坐下状态
        startFlag = 0;                                  //恢复开始标志变量
        sitTotalTime = 0;                               //初始化坐下的总时间
        Line3Para(0, 0);                                //清空当前时间
    }
    else if (exitFlag == 1)                             //如果中途离开
    {
        sitEndTime = HAL_GetTick();                     //记录停止的时间
        sitTotalTime = sitEndTime - sitStartTime;       //计算总时间
        printf("[INFO]Total sit time is %dms\n", sitTotalTime);
        sit = false;                                    //设置坐下状态为 false
        Line1Para(false);                               //在显示屏上显示无人
        exitFlag = 0;                                   //恢复中途离开标志变量
    }
    else if (minuteFlag== 1 && secondFlag == 1)         //如果分钟和秒钟都传输完毕
    {
        setTime = timeMinute * 60 + timeSecond;         //计算设置时间,单位为秒
        printf("[INFO]Setting time is %ds\n", setTime);
        Line2Para(timeMinute, timeSecond);              //显示在显示屏上
        Line1Para(false);
        minuteFlag = 0;                                 //将标志清零
        secondFlag = 0;
    }
    if (sit)                                            //如果坐下
    {
        Line1Para(true);                                //显示屏上显示坐下
        sitEndTime = HAL_GetTick();                     //计时
        sitTotalTime = (sitEndTime - sitStartTime) /1000;   //计算当前时间
        Line3Para(sitTotalTime %3600 / 60, sitTotalTime %60);   //将当前时间显示在
                                                        //OLED 屏上
    }
    if (buzzerFlag == 1 && buzzerCount <= 5)            //如果蜂鸣器响
    {
        Line1Para(false);                               //显示屏上显示无人
        sit = false;                                    //设置未坐下
        hi_io_set_pull(HI_IO_NAME_GPIO_0, HI_IO_PULL_DOWN);   //使蜂鸣器开始响
        printf("[INFO]Buzzer On\n");
        buzzerCount++;                                  //计数器自加
    }
    else if (buzzerFlag == 1 && buzzerCount > 5)        //如蜂鸣器要响且已经过 5s
    {
        hi_io_set_pull(HI_IO_NAME_GPIO_0, HI_IO_PULL_NONE);   //蜂鸣器不响
        printf("[INFO]Buzzer Off\n");
        buzzerFlag = 0;                                 //清零
        buzzerCount = 0;
    }
    IoTGpioGetInputVal(GPIO_HUMAN_SENSOR, &val);        //接收人体传感器的信号
    if (onenet_mqtt_upload_digit("flag", val) < 0)      //传输到 OneNET
    {
```

```
            printf("[ERROR]upload has an error, stop uploading, val is %d\n", val);
            //break;
        }
        else
        {
            printf("[INFO]buffer : {\"gpio\":%d} \r\n", val);
        }
        end = HAL_GetTick();                        //记录本轮循环的时间
        totTime = end -startTime;
        if (totTime < 1000)                         //控制一轮时间为 1s
        {
            usleep((1000 -totTime) *1000);          //睡眠时间
        }
        end = HAL_GetTick();
        totTime = end -startTime;
        printf("[INFO]One epoch time cost: %d ms.\r\n", totTime);
    }
    return 0;
}
```

6.2.2 OLED 显示

实现 OLED 显示效果相关代码如下:

```
void Line3Para(int minute, int second)
{
    const uint32_t W = 12, H = 12, S = 16;
    int unitPlace;
    int tenPlace;
    uint8_t fontsNum[][24] = {
        {
            /*-- ID:0,字符:"0",ASCII 编码:A3B0,对应字:宽 x 高=12x12,画布:宽 W=16 高 H=
12,共 24 字节*/
0x00, 0x00, 0x3E, 0x00, 0x63, 0x00, 0x67, 0x00, 0x6F, 0x00, 0x7B, 0x00, 0x73, 0x00, 0x63, 0x00,
0x63, 0x00, 0x3E, 0x00, 0x00, 0x00, 0x00, 0x00, }, {
            /*-- ID:1,字符:"1",ASCII 编码:A3B1,对应字:宽 x 高=12x12,画布:宽 W=16 高 H=
12,共 24 字节*/
0x00, 0x00, 0x0C, 0x00, 0x1C, 0x00, 0x3C, 0x00, 0x0C, 0x00, 0x0C, 0x00, 0x0C, 0x00, 0x0C, 0x00,
0x0C, 0x00, 0x3F, 0x00, 0x00, 0x00, 0x00, 0x00, }, {
            /*-- ID:2,字符:"2",ASCII 编码:A3B2,对应字:宽 x 高=12x12,画布:宽 W=16 高 H=
12,共 24 字节*/
0x00, 0x00, 0x3E, 0x00, 0x63, 0x00, 0x03, 0x00, 0x06, 0x00, 0x0C, 0x00, 0x18, 0x00, 0x30, 0x00,
0x63, 0x00, 0x7F, 0x00, 0x00, 0x00, 0x00, 0x00, }, {
            /*-- ID:3,字符:"3",ASCII 编码:A3B3,对应字:宽 x 高=12x12,画布:宽 W=16 高 H=
12,共 24 字节*/
0x00, 0x00, 0x3E, 0x00, 0x63, 0x00, 0x03, 0x00, 0x03, 0x00, 0x1E, 0x00, 0x03, 0x00, 0x03, 0x00,
0x63, 0x00, 0x3E, 0x00, 0x00, 0x00, 0x00, 0x00, }, {
            /*-- ID:4,字符:"4",ASCII 编码:A3B4,对应字:宽 x 高=12x12,画布:宽 W=16 高 H=
12,共 24 字节*/
0x00, 0x00, 0x06, 0x00, 0x0E, 0x00, 0x1E, 0x00, 0x36, 0x00, 0x66, 0x00, 0x7F, 0x00, 0x06, 0x00,
0x06, 0x00, 0x0F, 0x00, 0x00, 0x00, 0x00, 0x00, }, {
            /*-- ID:5,字符:"5",ASCII 编码:A3B5,对应字:宽 x 高=12x12,画布:宽 W=16 高 H=
12,共 24 字节*/
0x00, 0x00, 0x7F, 0x00, 0x60, 0x00, 0x60, 0x00, 0x60, 0x00, 0x7E, 0x00, 0x03, 0x00, 0x03, 0x00,
0x63, 0x00, 0x3E, 0x00, 0x00, 0x00, 0x00, 0x00, }, {
```

```
                    /*-- ID:6,字符:"6",ASCII 编码:A3B6,对应字:宽 x 高=12x12,画布:宽 W=16 高 H=
12,共 24 字节*/
 0x00, 0x00, 0x1C, 0x00, 0x30, 0x00, 0x60, 0x00, 0x60, 0x00, 0x7E, 0x00, 0x63, 0x00, 0x63, 0x00,
 0x63, 0x00, 0x3E, 0x00, 0x00, 0x00, 0x00, 0x00, }, {
                    /*-- ID:7,字符:"7",ASCII 编码:A3B7,对应字:宽 x 高=12x12,画布:宽 W=16 高 H=
12,共 24 字节*/
 0x00, 0x00, 0x7F, 0x00, 0x63, 0x00, 0x03, 0x00, 0x06, 0x00, 0x0C, 0x00, 0x18, 0x00, 0x18, 0x00,
 0x18, 0x00, 0x18, 0x00, 0x00, 0x00, 0x00, 0x00, }, {
                    /*-- ID:8,字符:"8",ASCII 编码:A3B8,对应字:宽 x 高=12x12,画布:宽 W=16 高 H=
12,共 24 字节*/
 0x00, 0x00, 0x3E, 0x00, 0x63, 0x00, 0x63, 0x00, 0x63, 0x00, 0x3E, 0x00, 0x63, 0x00, 0x63, 0x00,
 0x63, 0x00, 0x3E, 0x00, 0x00, 0x00, 0x00, 0x00, }, {
                    /*-- ID:9,字符:"9",ASCII 编码:A3B9,对应字:宽 x 高=12x12,画布:宽 W=16 高 H=
12,共 24 字节*/
 0x00, 0x00, 0x3E, 0x00, 0x63, 0x00, 0x63, 0x00, 0x63, 0x00, 0x3F, 0x00, 0x03, 0x00, 0x03, 0x00,
 0x06, 0x00, 0x3C, 0x00, 0x00, 0x00, 0x00, 0x00
        }
    };
    uint8_t fontsCh[][24] = {
        {
                    /*-- ID:0,字符:"分",ASCII 编码:B7D6,对应字:宽 x 高=12x12,画布:宽 W=16 高 H=
12,共 24 字节*/
 0x09, 0x00, 0x09, 0x00, 0x11, 0x00, 0x10, 0x80, 0x20, 0x40, 0x7F, 0xB0, 0x88, 0x80, 0x08, 0x80,
 0x08, 0x80, 0x10, 0x80, 0x12, 0x80, 0x61, 0x00, }, {
                    /*-- ID:1,字符:"秒",ASCII 编码:C3EB,对应字:宽 x 高=12x12,画布:宽 W=16 高 H=
12,共 24 字节*/
 0x18, 0x80, 0xE0, 0x80, 0x22, 0xC0, 0xFA, 0xA0, 0x22, 0x90, 0x62, 0x80, 0x74, 0xB0, 0xA0, 0xA0,
 0x20, 0x40, 0x20, 0x80, 0x23, 0x00, 0x2C, 0x00
        }
    };
    //判断是否够两位,如果不够自动补齐
    if(minute < 10)
    {
      ssd1306_DrawRegion(60, 52, W, H, fontsNum[0], sizeof(fontsNum[0]), S);
      ssd1306_DrawRegion(70, 52, W, H, fontsNum[minute], sizeof(fontsNum[0]), S);

    }
    else if(minute >=10)
    {
      unitPlace = minute / 1 %10;
      tenPlace = minute / 10 %10;
      ssd1306_DrawRegion(60, 52, W, H, fontsNum[tenPlace], sizeof(fontsNum[0]), S);
      ssd1306_DrawRegion(70, 52, W, H, fontsNum[unitPlace], sizeof(fontsNum[0]), S);
    }
    ssd1306_DrawRegion(82, 52, W, H, fontsCh[0], sizeof(fontsCh[0]), S);
    if(second < 10)
    {
      ssd1306_DrawRegion(94,52,W,H, fontsNum[0], sizeof(fontsNum[0]), S);
      ssd1306_DrawRegion(104, 52, W, H, fontsNum[second], sizeof(fontsNum[0]), S);
    }
    else if(second >=10)
    {
      unitPlace = second / 1 %10;
      tenPlace = second / 10 %10;
      ssd1306_DrawRegion(94, 52, W, H, fontsNum[tenPlace], sizeof(fontsNum[0]), S);
```

```
    ssd1306_DrawRegion(104, 52, W, H, fontsNum[unitPlace], sizeof(fontsNum[0]),
S);
    }
    ssd1306_DrawRegion(116, 52, W, H, fontsCh[1], sizeof(fontsCh[0]), S);
    ssd1306_UpdateScreen();
}
```

OLED 模块驱动参考地址为 https://gitee.com/lianz hian/hihope-3861-smart-home-kit/tree/master/ssd1306。

显示屏上显示时间的函数,输入是分钟和秒钟。例如,输入 minute＝12,second＝5,则显示屏上最终会显示 12:05。将 0～9 十个数字和"分""秒"都生成字模,使用时只需要调用字模即可。注意:如果大于 10,则正常显示;如果小于 10,则先在数字前面增加一个 0 后再显示。

6.2.3 WiFi 模块

实现 WiFi 连接相关代码请扫描二维码获取。

6.2.4 OneNET 云平台

本部分包括创建账号、创建产品、添加设备和相关代码。

1. 创建账号

登录网页 https://open.iot.10086.cn/passport/reg/,按要求填写注册信息后进行实名认证。

2. 创建产品

进入 Studio 平台后,在全部产品中选择多协议接入。单击"添加产品"按钮,在弹出页面中按照提示填写基本信息。本项目采用 MQTT 协议接入,如图 6-3 所示。

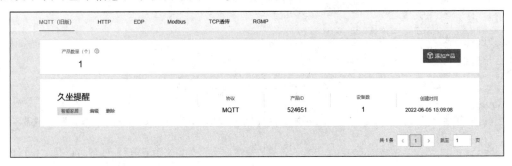

图 6-3 创建产品

3. 添加设备

单击"设备管理",选择"添加设备",按照提示填写相关信息,如图 6-4 所示。

4. 相关代码

连接 OneNET 云平台,并向其传输数据,下面给出相关代码。

(1) VSCode 相关代码。

```
#include <stdio.h>
#include <stdlib.h>
#include <unistd.h>
#include <string.h>
#include "MQTTClient.h"
#include "onenet.h"
```

图 6-4　添加设备

```
#include "ohos_init.h"
#include "cmsis_os2.h"
#include "iot_gpio.h"
#include "iot_pwm.h"
#include "iot_i2c.h"
#include "iot_errno.h"
#include "ssd1306.h"
#include "ssd1306_mod.h"
#include "hi_io.h"
//OneNET 的相关参数
#define ONENET_INFO_DEVID "954085781"
#define ONENET_INFO_AUTH "2019211122"
#define ONENET_INFO_APIKEY "ut2V0KTy2OllV1eoe60aI3dn=AU="
#define ONENET_INFO_PROID "524515"
#define ONENET_MASTER_APIKEY "QqcAiZ2WvMhWj73BlbnceTOsvS4="
#define GPIO_HUMAN_SENSOR 10           //人体传感器的 GPIO
#define GPIO_BUZZER 0                  //蜂鸣器的 GPIO
//对硬件端发送数据的 Message code 是 3 位数,系统会自动读取 3 位数,然后根据数据类型做不同的
//处理
#define MESSAGE_CODE_NOTHING 000       //某些情况下会接到空消息,后面的值可以是 7 位以内的
                                       //任意数字
#define MESSAGE_CODE_BUZZER 100        //当时间到后蜂鸣器响的信号,通常使用 1001
#define MESSAGE_CODE_START 101         //检测到设定好时间并有人后,发送开始信号,通常使
                                       //用 1011
#define MESSAGE_CODE_EXIT 102          //检测未到设定好的时间人离开,发送中途离开信号,通常
                                       //使用 1021
#define MESSAGE_CODE_MINUTE 103        //将设定好的时间传输到硬件(分钟),通常使用 103x
                                       //或 103xx
#define MESSAGE_CODE_SECOND 104        //将设定好的时间传输到硬件(秒),通常使用 103x
                                       //或 103xx
#define OLED_I2C_BAUDRATE 400 *1000
//存储传输的消息
char ch[10] = {'0', '0', '0', '0', '0', '0'};
//从软件端接收信号后的传递变量
int timeMinute = 0;                    //传输到的分钟
```

```
int minuteFlag = 0;                    //是否成功接收分钟信号
int secondFlag = 0;                    //是否成功接收秒信号
int timeSecond = 0;                    //传输到的秒
int buzzerFlag = 0;                    //蜂鸣器信号
int buzzerCount = 0;                   //蜂鸣器响的时间统计
int startFlag = 0;                     //开始信号
int exitFlag = 0;                      //中途离开信号
int setTime = 0;                       //坐下的时间
bool sit = false;                      //是否坐下
//接收到来自软件端消息后的中断函数
void onenet_cmd_rsp_cb(uint8_t * recv_data, size_t recv_size, uint8_t * * resp_data,
size_t *resp_size)
{
    printf("recv data is %.*s\n", recv_size, recv_data);
    strcpy(ch, (char *)(recv_data));     //存储接收到的信号
    int messageCode = (ch[0] -'0') * 100 + (ch[1] -'0') * 10 + (ch[2] -'0');
                                        //计算 Message code
    int size = recv_size -3;
                              //纯消息的长度是接到信号的长度减去 message code 的长度
    switch (messageCode)
    {
    case MESSAGE_CODE_NOTHING:        //空消息,不工作
        break;
    case MESSAGE_CODE_MINUTE:         //设定好的分钟信号
        printf("[MESSAGECODE INFO]message code is 103, message size is %d\n", size);
        //判断信号是几位(一位和两位有不同的处理方法)
        if (size == 1)
        {
            timeMinute = (ch[3] -'0');     //如果是一位,则直接赋值
        }
        else if (size == 2)
        {
            timeMinute = (ch[3] -'0') * 10 + (ch[4] -'0');
                                     //若为两位,则需要提取十位乘十然后和个位相加
        }
        else
        {
            printf("[MESSAGECODE ERROR]Illegal message size\n"); //如果位数过多,
                                                               //则报错
        }
        printf("[INFO]Minute is %dmin\n", timeMinute);
        minuteFlag = 1;               //成功接收分钟信号
        break;
    case MESSAGE_CODE_SECOND:         //设定好的秒钟信号
        printf("[MESSAGECODE INFO]message code is 104, message size is %d\n", size);
        //判断信号是几位(一位和两位有不同的处理方法)
        if (size == 1)
        {
            timeSecond = (ch[3] -'0');     //如果是一位,则直接赋值
        }
        else if (size == 2)
        {
            timeSecond = (ch[3] -'0') * 10 + (ch[4] -'0'); //若为两位,则需要提取十位乘十
                                                      //然后和个位相加
        }
```

```
        else
        {
            printf("[MESSAGECODE ERROR]Illegal message size\n"); //如果位数过多则
                                                                //报错
        }
        printf("[INFO]Second is %ds\n", timeSecond);
        secondFlag = 1;                    //成功接收秒信号
        break;
    case MESSAGE_CODE_BUZZER:           //接到蜂鸣器信号
        printf("[MESSAGECODE INFO]message code is 100\n");
        buzzerFlag = 1;                    //蜂鸣器信号置为1
        break;
    case MESSAGE_CODE_START:            //开始信号
        printf("[MESSAGECODE INFO]message code is 101\n");
        startFlag = 1;                     //开始信号置为1
        break;
    case MESSAGE_CODE_EXIT:             //中途离开信号
        printf("[MESSAGECODE INFO]message code is 102\n");
        exitFlag = 1;                      //中途离开信号置为1
        break;
    default:                            //其他 Message code 则报错
        printf("[MESSAGECODE ERROR]Unknown Message Code\n");
    }
    memset(ch, '0', sizeof(ch));        //使 ch 存储变量清零
    * resp_data = NULL;
    * resp_size = 0;
```

由于硬件只能通过一种方式传输，从云平台接收信息，这样即使有多种不同类型的数据也无法进行区分。因此，选择通过前端软件发送信息码和信息的形式传输数据。例如，开始计时的信息码是 101，表示确定的信息是 1，如果软件端向硬件端发出开始计时的指令时，那么只需要发送 1011 即可。为了便于从信息中读取信息码，因此，固定信息码是 3 位，在同一种传输方式中传输不同类型的信息。

（2）鸿蒙 App 相关代码。

```
private static String sendRequest (Context context, String urlString, String
requestMethod,String token,String data,String api_key){
    String result = null;
    //创建连接
    NetManager netManager = NetManager.getInstance(context);
    if (!netManager.hasDefaultNet()) {
        return null;
    }
    NetHandle netHandle = netManager.getDefaultNet();
    //可以获取网络状态的变化
    NetStatusCallback callback = new NetStatusCallback() {
    //重写需要获取网络状态变化的 override 函数
    };
    netManager.addDefaultNetStatusCallback(callback);
    //通过 openConnection 获取 URLConnection
    HttpURLConnection connection = null;
    try {
        //发送连接
        URL url = new URL(urlString);
        connection = (HttpURLConnection) netHandle.openConnection(url, Proxy.
```

```
NO_PROXY);
            //设置请求方式
            connection.setRequestMethod(requestMethod);
            if (api_key != null){
                connection.setRequestProperty("api-key",api_key);
            }
            if (data != null){
                //允许通过此网络连接向服务器端写数据
                connection.setDoOutput(true);
                connection.setRequestProperty("Content-Type","application/json;
charset=utf-8");
            }
            //如果参数 token!=null,则需要将 token 设置到请求头
            if (token != null){
                connection.setRequestProperty("token",token);
            }
            //发送请求建立连接
            connection.connect();
            //向服务器端传递 data 中的数据
            if (data != null){
                byte[] bytes = data.getBytes("UTF-8");
                OutputStream os = connection.getOutputStream();
                os.write(bytes);
                os.flush();
            }
            //获取连接结果
            //从连接中获取输入流,读取 API 接口返回的数据
            if (connection.getResponseCode() == HttpURLConnection.HTTP_OK){
                InputStream is = connection.getInputStream();
                BufferedReader   bufferedReader   =   new   BufferedReader ( new
InputStreamReader(is, "UTF-8"));
                StringBuffer stringBuffer = new StringBuffer();
                String temp=null;
                while((temp =bufferedReader.readLine())!=null){
                    stringBuffer.append(temp);
                }
                result=stringBuffer.toString();
            }
        } catch(IOException e) {
            e.printStackTrace();
        } finally {
            if (connection != null){
                connection.disconnect();
            }
        }
        return result;
    }
```

6.2.5　前端模块

通过 GET 方法获取硬件返回的信息,判断是否有人,并用 POST 方法传给硬件开始信号
和定时器的结束信号,主要包括 JsonBean、HttpRequestUtil 和 MainAbilitySlice 类。使用的
第三方库有 Gson 和 FancyToast。

1. 第三方库导入

在 build. gradle(entry)中导入如下代码：

```
implementation group: 'com.google.code.gson', name: 'gson', version: '2.8.9'
implementation 'io.openharmony.tpc.thirdlib:FancyToast-ohos:1.0.4'
```

最后单击右上方的 Sync Now 同步更新，如图 6-5 所示。

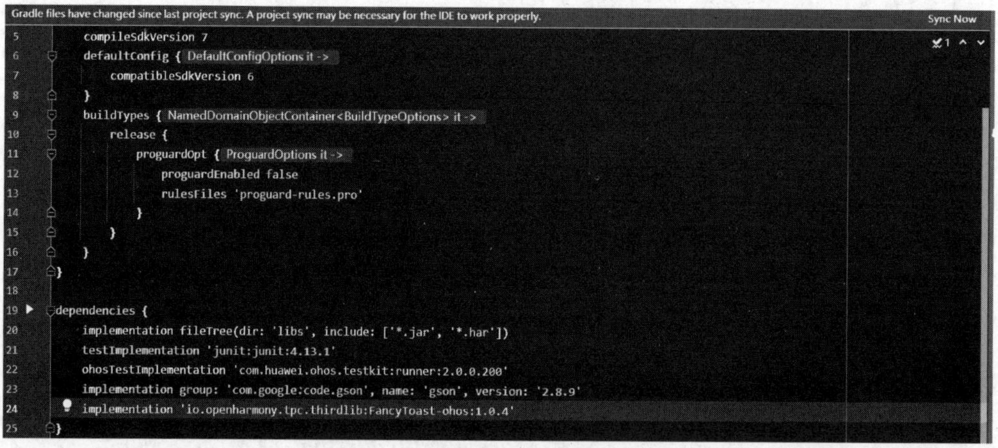

图 6-5　第三方库

2. 网络连接设置

在 config. json 中加入如下代码：

```
"reqPermissions": [
    {
      "name": "ohos.permission.GET_NETWORK_INFO"
    },
    {
      "name": "ohos.permission.INTERNET"
    },
    {
      "name": "ohos.permission.SET_NETWORK_INFO"
    }
  ]
```

3. JsonBean 类

实现对 OneNET 云平台中 GET 到的数据进行分类处理，相关代码如下：

```
public class JsonBean{
        public int errno;
        public Data data;
        public String error;
        static class Data{
            public String update_at;
            public String id;
            public String create_time;
            public int current_value;
            public String getUpdate_at() {
                return update_at;}
            public String getId() {
                return id;}
            public String getCreate_time() {
```

```
            return create_time;}
        public int getCurrent_value() {
            return current_value;}}
    public int getErrno() {
    return errno;
}
public Data getData() {
    return data;
}
public String getError() {
    return error;
}
}
```

4. HttpRequestUtil 类

实现 App 的 GET 和 POST 请求相关代码如下：

```
public class HttpRequestUtil {
    private static String sendRequest (Context context, String urlString, String
requestMethod,String token,String data,String api_key){
        String result = null;
        //创建连接
        NetManager netManager = NetManager.getInstance(context);
        if (!netManager.hasDefaultNet()) {
            return null;
        }
        NetHandle netHandle = netManager.getDefaultNet();
        //可以获取网络状态的变化
        NetStatusCallback callback = new NetStatusCallback() {
        //重写需要获取网络状态变化的 override 函数
        };
        netManager.addDefaultNetStatusCallback(callback);
        //通过 openConnection 获取 URLConnection
        HttpURLConnection connection = null;
        try {
            //发送连接
            URL url = new URL(urlString);
            connection = (HttpURLConnection) netHandle.openConnection(url, Proxy.NO
_PROXY);
            //设置请求方式
            connection.setRequestMethod(requestMethod);
            if (api_key != null){
                connection.setRequestProperty("api-key",api_key);
            }
            if (data != null){
                //允许通过此网络连接向服务器端写数据
                connection.setDoOutput(true);
                connection.setRequestProperty ( " Content - Type ", " application/json;
charset=utf-8");
            }
            //如果参数 token!=null,则需要将 token 设置到请求头
            if (token != null){
                connection.setRequestProperty("token",token);
            }
            //发送请求建立连接
            connection.connect();
```

```
            //向服务器端传递 data 中的数据
            if (data != null){
                byte[] bytes = data.getBytes("UTF-8");
                OutputStream os = connection.getOutputStream();
                os.write(bytes);
                os.flush();
            }
            //获取连接结果
            //从连接中获取输入流，读取 API 接口返回的数据
            if (connection.getResponseCode() == HttpURLConnection.HTTP_OK){
                InputStream is = connection.getInputStream();
                BufferedReader  bufferedReader  =  new  BufferedReader ( new
InputStreamReader(is, "UTF-8"));
                StringBuffer stringBuffer = new StringBuffer();
                String temp=null;
                while((temp =bufferedReader.readLine())!=null){
                    stringBuffer.append(temp);
                }
                result=stringBuffer.toString();
            }
        } catch(IOException e) {
            e.printStackTrace();
        } finally {
            if (connection != null) {
                connection.disconnect();
            }
        }
        return result;
    }
    //GET 请求
    public static int sendGetRequest(MainAbilitySlice context, String urlString,
String api_key){
        String result=sendRequest(context,urlString,"GET",null,null,api_key);
        JsonBean jsonbean = new Gson().fromJson(result,JsonBean.class);
        int flag=jsonbean.getData().getCurrent_value();
        return flag;
    }
    public static String sendGetRequestWithToken(Context context,String urlString,
String token,String api_key){
        return sendRequest(context,urlString,"GET",token,null,api_key);
    }
    //POST 请求
    public static String sendPostRequest(Context context,String urlString,String
api_key){
        return sendRequest(context,urlString,"POST",null,null,api_key);
    }
     public  static  String  sendPostRequestWithToken ( Context  context,  String
urlString,String token,String api_key){
        return sendRequest(context,urlString,"POST",token,null,api_key);
    }
    public static String sendPostRequestWithData(Context context,String urlString,
String data,String api_key){
        return sendRequest(context,urlString,"POST",null,data,api_key);
    }
    public static String sendPostRequestWithTakenWithData(Context context,String
```

```
urlString,String token,String data,String api_key){
        return sendRequest(context,urlString,"POST", token,data,api_key);
    }
}
```

5. 主功能页面

本部分包括状态判断、状态处理和初始化函数。

(1) 状态判断。通过 timer 不断发送 GET 请求获取使用者状态：开始阶段，连续 2 个 1，计时开始；开始后，连续 10 个 0，中途离开；到达计时时间，计时结束。

```
TimerTask task = new TimerTask() {
            @Override
            public void run() {
                if(min * 60+ sec>time){
                        String  result = HttpRequestUtil. sendPostRequestWithData
(MainAbilitySlice.this, PostUrl,"1001",api_key);
                    System.out.println(result);
myEventHandler.sendEvent(InnerEvent.get(4000));
                }
            }
    };
    timer.schedule(task,0,1000);
    //单击事件
     button.setClickedListener(component ->{
        TimerTask task2 =new TimerTask() {
            @Override
            public void run() { //设定的时间
                //分:103
            HttpRequestUtil. sendPostRequestWithData (MainAbilitySlice. this,
PostUrl,"103"+ timePicker.getMinute(),api_key);
                //秒:104
            HttpRequestUtil. sendPostRequestWithData (MainAbilitySlice. this,
PostUrl,"104"+ timePicker.getSecond(),api_key);
             }
        };
        timer.schedule(task2,0);
         FancyToast.makeText(getContext(),"时间设置完成!", 3000, FancyToast.
SUCCESS,false)                    //设定一个弹窗
                .setOffset(200,700)
                .show();
            task_main=new TimerTask() {
            @Override
            public void run() {
                 flag = HttpRequestUtil.sendGetRequest(MainAbilitySlice.this,
GetUrl, api_key);
                my_list.add(flag);
                i++;
                System.out.println(my_list.get(i-1));
                //未开始
                if (!on) {
                    if(flag==1&&my_list.get(i-1)==1){
                        //判断是否开始
                        System.out.println("START");
                        //计时开始:1011
```

```
                                                      HttpRequestUtil. sendPostRequestWithData
(MainAbilitySlice.this, PostUrl,"1011",api_key);
                                //切换背景色
                                SetColor(ResourceTable.Color_blue);
myEventHandler.sendEvent(InnerEvent.get(1000));
                                my_list.clear();
                                i=0;
                                on=true;
                            }else{System.out.println("NO BODY");}
                            //已开始
                        }else{
myEventHandler.sendEvent(InnerEvent.get(3000));
                            sec++;
                            //判断是否离开
                            if(my_list.size()==10){
                                if(my_list.lastIndexOf(1)!= -1){
                                    i= i-my_list.lastIndexOf(1)-1; my_list.subList(0,my
_list.lastIndexOf(1)+1).clear();
                                    System.out.println("STAY"+ i);
                                }else{
                                    System.out.println("LEAVE");
                                    //中途离开:1021
HttpRequestUtil.sendPostRequestWithData(MainAbilitySlice.this, PostUrl,"1021",
api_key);
myEventHandler.sendEvent(InnerEvent.get(2000));}
                                }
                            }
                        }
                    };
                    timer.schedule(task_main,0,1000);
                });
```

（2）状态处理。定义 MyEventHandler 类，根据不同状态返回码调用处理状态线程。

```
public class MyEventHandler extends EventHandler {
        private MyEventHandler(EventRunner runner) {
            super(runner);
        }
        @Override
        public void processEvent(InnerEvent event) {
            super.processEvent(event);
            if (event == null) {
                return;
            }
            int eventId = event.eventId;
            //开始计时
            if(eventId==1000){
                FancyToast.makeText(getContext(),"开始计时!",3000,FancyToast.
SUCCESS,false)                        //设定一个弹窗
                    .setOffset(200,700)
                    .show();
        }//提前离开
        if (eventId==2000){
            Init();
            FancyToast.makeText(getContext(),"你已提前离开!",3000,FancyToast.
SUCCESS,false)                        //设定一个弹窗
```

```
                    .setOffset(200,700)
                    .show();
            TaskDispatcher uiTaskDispatcher = getUITaskDispatcher();
            uiTaskDispatcher.delayDispatch(new Runnable() {
                @Override
                public void run() {
                    SetColor(ResourceTable.Color_green);
                }
            },5000);
        }
        //显示事件
        if(eventId==3000){
            if(sec>=60){
                min=min+ 1;
                sec=0;
            }
            if(min<10){
                if(sec<10){show="0"+ min+ ":"+ "0"+ sec;
                }
                else{
                    show="0"+ min+ ":"+ sec; }
            }else
            {
                if(sec<10){show=min+ ":"+ "0"+ sec;
            }else{
                    show=min+ ":"+ sec; }
            }
            time_Text.setText(show);
        }
        //结束事件
        if(eventId==4000){
            SetColor(ResourceTable.Color_red);
            Init();
            FancyToast.makeText(getContext(),"起来走走吧!",3000,FancyToast.
ERROR,false)                     //设定一个弹窗
                    .setOffset(200,700)
                    .show();
            TaskDispatcher uiTaskDispatcher = getUITaskDispatcher();
            uiTaskDispatcher.delayDispatch(new Runnable() {
                @Override
                public void run() {
                    SetColor(ResourceTable.Color_green);
                }
            },5000);
        }
    }
}
```

（3）初始化界面、参数和组件相关代码如下：

```
public void InitTimePicker(){
    timePicker.showHour(false);//关闭小时显示
    timePicker.setMinute(0);
```

```
            timePicker.setSecond(10);
            time=timePicker.getMinute()* 60+ timePicker.getSecond();
        }
        //初始化 tickTimer
        //复用初始化参数
    public void Init(){
        i=0;
        sec=0;min=0;
        my_list.clear();
        my_list.add(0);
        task_main.cancel();
        timer.purge();
        time_Text.setText("00:00");
        on=false;
        text.setVisibility(2);}
        //初始化界面
    private void InitSystemUi() {
        //状态栏设置为透明
getWindow().addFlags(WindowManager.LayoutConfig.MARK_TRANSLUCENT_STATUS);
        //导航栏 ActionBar
//getWindow().addFlags(WindowManager.LayoutConfig.MARK_TRANSLUCENT_NAVIGATION);
        //全屏
//getWindow().addFlags(WindowManager.LayoutConfig.MARK_FULL_SCREEN);
    }
    private void SetColor(int id) {
        ResourceManager resManager = this.getResourceManager();
        try {
            int color = resManager.getElement(id).getColor();
            ShapeElement shapeElement = new ShapeElement();
            shapeElement.setRgbColor(RgbColor.fromArgbInt(color));
            layout.setBackground(shapeElement);
        } catch (IOException e) {
            HiLog.error(LABEL_LOG, e.getMessage());
        } catch (NotExistException e) {
            HiLog.error(LABEL_LOG, e.getMessage());
        } catch (WrongTypeException e) {
            HiLog.error(LABEL_LOG, e.getMessage());
        }
    }
```

6.3 成果展示

    Hi3861 开发板的实现效果如图 6-6 所示，串口监视器效果如图 6-7 所示，鸿蒙 App 的实现效果如图 6-8 所示。

图 6-6 Hi3861 开发板实现效果

```
!■z■ ready to OS start                    [INFO]buffer : {"gpio":0}
sdk ver:Hi3861V100R001C00SPC025 2020-09-03 18:10:00    [INFO]One epoch time cost: 1000 ms.
FileSystem mount ok.                      [INFO]buffer : {"gpio":0}
wifi init success!                        [INFO]One epoch time cost: 1000 ms.
hilog will init.                          [INFO]buffer : {"gpio":0}
                                          [INFO]One epoch time cost: 1000 ms.
hievent will init.                        [INFO]buffer : {"gpio":0}
                                          [INFO]One epoch time cost: 1026 ms.
hievent init success.                     [INFO]buffer : {"gpio":1}
Please implement the interface according to the platform!  [INFO]One epoch time cost: 1004 ms.
                                          [INFO]buffer : {"gpio":1}
hiview init success.                      [INFO]One epoch time cost: 1000 ms.
+NOTICE:SCANFINISH                        [INFO]buffer : {"gpio":0}
WiFi: Scan results available              [INFO]One epoch time cost: 1000 ms.
SSID: Xiaomi_8649                         [INFO]buffer : {"gpio":0}
SSID: blade is god                        [INFO]One epoch time cost: 990 ms.
SSID:                                     [INFO]buffer : {"gpio":0}
SSID: zodiac2                             [INFO]One epoch time cost: 990 ms.
SSID: CU_wW3T                             [INFO]buffer : {"gpio":0}
SSID: CU_HQGt                             [INFO]One epoch time cost: 990 ms.
SSID: CU_4jX3                             [INFO]buffer : {"gpio":0}
SSID:                                     [INFO]One epoch time cost: 1000 ms.
SSID: CMCC-Lkc4                           [INFO]buffer : {"gpio":1}
SSID:                                     [INFO]One epoch time cost: 1000 ms.
SSID: Xiaomi_0640                         [INFO]buffer : {"gpio":1}
SSID:                                     [INFO]One epoch time cost: 1000 ms.
SSID:                                     [INFO]buffer : {"gpio":1}
SSID: Tineco_0255                         [INFO]One epoch time cost: 1000 ms.
SSID:                                     [INFO]buffer : {"gpio":1}
+NOTICE:CONNECTED                         [INFO]One epoch time cost: 1000 ms.
WiFi: Connected                           [INFO]buffer : {"gpio":1}
ssd1306_UpdateScreen time cost: 100 ms.
```

图 6-7　串口监视器效果

图 6-8　App 页面效果

6.4　元件清单

完成本项目所需的元件及数量如表 6-2 所示。

表 6-2　元件清单

元件/测试仪表	数　量	元件/测试仪表	数　量
HC-SR501	1个	0.96 英寸 OLED 屏	1个
Hi3861	1个	人体红外传感器	1个
无源蜂鸣器	1个		

项目 7

控制多用灯

本项目通过鸿蒙 App 控制 Hi3861 开发板,实现夜间自动照明和感应照明等功能。

7.1 总体设计

本部分包括系统架构和系统流程。

7.1.1 系统架构

系统架构如图 7-1 所示,Hi3861 开发板与外设引脚连线如表 7-1 所示。

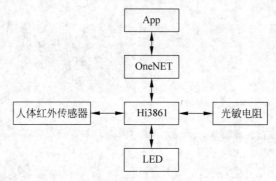

图 7-1 系统架构

表 7-1 Hi3861 开发板与外设引脚连线

Hi3861 开发板	LED	光敏电阻	人体红外感应	4.5V 直流电源
GPIO2	+	/	/	/
GND	−	−	/	/
A9	/	+	/	/
A11	/	/	out	/
/	/	/	+	+
/	/	/	−	−

7.1.2 系统流程

系统流程如图 7-2 所示。

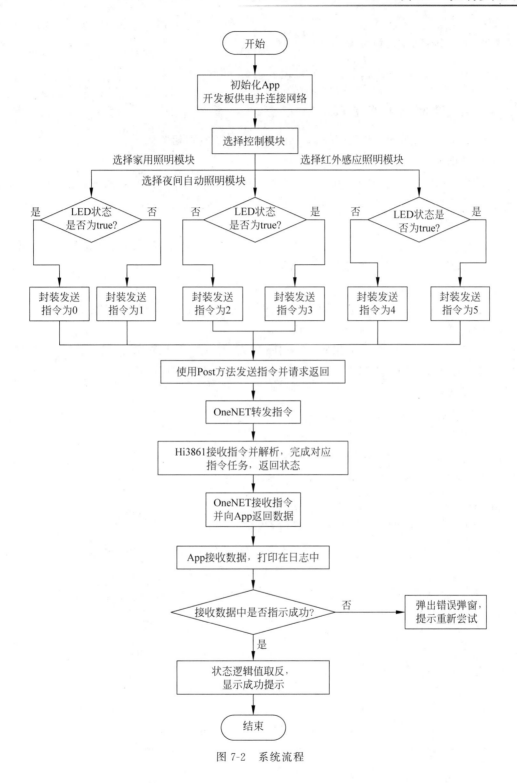

图 7-2 系统流程

7.2 模块介绍

本项目由 VSCode 和 DevEco Studio 开发,包括 WiFi 模块、OneNET 云平台、主要功能和前端模块。下面分别给出各模块的功能介绍及相关代码。

7.2.1 WiFi 模块

实现 WiFi 连接相关代码请扫描二维码获取。

7.2.2 OneNET 云平台

本部分包括创建账号、创建产品、添加设备、设备详情和相关代码。

1. 创建账号

登录网页 https://open.iot.10086.cn/passport/reg/，按要求填写注册信息后进行实名认证。

2. 创建产品

进入 Studio 平台后，在全部产品中选择多协议接入。单击"添加产品"按钮，在弹出页面中按照提示填写基本信息。本项目采用 MQTT 协议接入。

3. 添加设备

单击"创建的产品"按钮，进入详情页面，单击菜单栏中的设备列表，按照提示添加设备。

4. 设备详情

DEVID：952010286，APIKEY：bSFlEvWX39DuJA = IV5bwXN7E9VU =，PROID：523149，MASTER_APIKEY：6v=6MaENCfI6iX7Q=aZYtMDYOBw=

5. 相关代码

下面给出连接 OneNET 云平台的相关代码。

（1）VSCode 连接 OneNET 云平台。

```
#include "MQTTClient.h"
#include "onenet.h"
#define ONENET_INFO_DEVID "952010286"
#define ONENET_INFO_AUTH "20220531"
#define ONENET_INFO_APIKEY "bSFlEvWX39DuJA=IV5bwXN7E9VU="
#define ONENET_INFO_PROID "523149"
#define ONENET_MASTER_APIKEY "6v=6MaENCfI6iX7Q=aZYtMDYOBw=" onenet_mqtt_init
(void)
{
    int result = 0;
    if (init_ok)
    {
        return 0;
    }
    if (onenet_get_info() < 0)
    {
        result = -1;
        goto __exit;
    }
    onenet_mqtt.onenet_info = &onenet_info;
    onenet_mqtt.cmd_rsp_cb = NULL;
    if (onenet_mqtt_entry() < 0)
    {
        result = -2;
        goto __exit;
    }
__exit:
```

```
    if (!result)
    {
     init_ok = 0;
    }
    else
    {
    }
    return result;
}
```

（2）接收 OneNET 云平台指令并解析。

```
void onenet_cmd_rsp_cb(uint8_t * recv_data, size_t recv_size, uint8_t ** resp_data,
size_t * resp_size)
{
    //初始化 GPIO
    IoTGpioInit(LED_TEST_GPIO);
    //设置为输出
    IoTGpioSetDir(LED_TEST_GPIO, IOT_GPIO_DIR_OUT);
    IoTGpioSetDir(LED_TEST_GPIO, 0);
    //串口输出接收指令
    printf("recv data is %.*s\n", recv_size, recv_data);
    char ch[10];
    char ch0[10]="0\n";
    char ch1[10]="1\n";
    char ch2[10]="2\n";
    char ch3[10]="3\n";
    char ch4[10]="4\n";
    char ch5[10]="5\n";
    sprintf(ch,"%.*s\n", recv_size, recv_data);
    //根据指令完成任务
    if (!strcmp(ch,ch0)){
        printf("turn off");
        //输出低电平
        IoTGpioSetDir(LED_TEST_GPIO, 0);}
    else if (!strcmp(ch,ch1)){
        printf("turn on");
        //输出高电平
        IoTGpioSetDir(LED_TEST_GPIO, 1);}
    else if (!strcmp(ch,ch2)){
        printf("open adc");
        ADCLightDemo();
    }
    else if (!strcmp(ch,ch3)){
    printf("close adc");
    osThreadSuspend(threadHiID);
    }
    else if (!strcmp(ch,ch4)){
        printf("open pir");
        PIRLightDemo();
    }
    else if (!strcmp(ch,ch5)){
    printf("close pir");
    osThreadSuspend(threadHoID);}
    else{printf("failure");}
    *resp_data = NULL;
```

```
    *resp_size = 0;
}
```

（3）鸿蒙 App 相关代码。

```
final String cloud_url = "http://api.heclouds.com/cmds?device_id=952010286";
//发送 post 请求
public static String post(String url, String json) throws IOException {
    OkHttpClient client = new OkHttpClient();
    RequestBody body =
RequestBody.create(MediaType.parse("application/json"),json);
Request request = new Request.Builder()
    .url(url)
    .header("api-key", " bSFlEvWX39DuJA=IV5bwXN7E9VU=")
    .addHeader("Content-Type", "application/json")
    .post(body)
    .build();
Response response = client.newCall(request).execute();
    if (response.isSuccessful()) {
        return response.body().string();
    } else {
        throw new IOException("Unexpected code " + response);
    }
}
```

7.2.3 主要功能

本部分主要包括 LED 控制、光敏传感器控制、人体红外传感器控制和线程控制模块。

1. LED 控制

实现 LED 的开关控制相关代码如下：

```
void *LedTask(const char *arg)
{
    //初始化 GPIO
    IoTGpioInit(LED_TEST_GPIO);
    //设置为输出
    IoTGpioSetDir(LED_TEST_GPIO, IOT_GPIO_DIR_OUT);
    (void)arg;
    while (1)
    {
        //输出低电平
        IoTGpioSetDir(LED_TEST_GPIO, 0);
        usleep(300000);
        //输出高电平
        IoTGpioSetDir(LED_TEST_GPIO, 1);
        usleep(300000);
    }
    return NULL;
}
```

2. 光敏传感器控制

实现由光敏传感器控制 LED 亮度的相关代码如下：

```
//初始化 GPIO
IoTGpioInit(LED_TEST_GPIO);
//设置为输出
```

```
IoTGpioSetDir(LED_TEST_GPIO, IOT_GPIO_DIR_OUT);
while (1) {
    unsigned short data = 0;
    //读取光敏传感器的数值
    if (hi_adc_read(LIGHT_SENSOR_CHAN_NAME, &data, HI_ADC_EQU_MODEL_4, HI_ADC_CUR_
BAIS_DEFAULT, 0) == HI_ERR_SUCCESS) {
        printf("ADC_VALUE = %d\n", (unsigned int)data);
        if(data > 500)
        {
            //输出高电平
            IoTGpioSetDir(LED_TEST_GPIO, 1);
        }else{
            //输出低电平
            IoTGpioSetDir(LED_TEST_GPIO, 0);
        }
        osDelay(10);
    }
}
```

3. 人体红外传感器控制

实现由人体红外传感器控制 LED 亮灭的相关代码如下：

```
//初始化 GPIO
IoTGpioInit(LED_TEST_GPIO);
//设置为输出
IoTGpioSetDir(LED_TEST_GPIO, IOT_GPIO_DIR_OUT);
while (1) {
    unsigned short data = 0;
    //读取光敏传感器的数值
    if (hi_adc_read(LIGHT_SENSOR_CHAN_NAME, &data, HI_ADC_EQU_MODEL_4, HI_ADC_CUR_
BAIS_DEFAULT, 0) == HI_ERR_SUCCESS) {
        printf("ADC_VALUE = %d\n", (unsigned int)data);
        if(data < 300)
        {
            //输出高电平
            IoTGpioSetDir(LED_TEST_GPIO, 1);
        }else{
            //输出低电平
            IoTGpioSetDir(LED_TEST_GPIO, 0);
        }
        osDelay(10);
    }
}
```

4. 线程控制

对于每个子模块，创建一个新的线程。以光敏传感器模块为例，相关代码如下：

```
void ADCLightDemo(void)
{
    osThreadAttr_t attr;
    attr.name = "ADCLightTask";
    attr.attr_bits = 0U;
    attr.cb_mem = NULL;
    attr.cb_size = 0U;
    attr.stack_mem = NULL;
    attr.stack_size = 4096;
```

```
attr.priority = osPriorityNormal;
threadHiID=osThreadNew(ADCLightTask, NULL, &attr);
if (threadHiID== NULL){
    printf("[ADCLightDemo] Falied to create ADCLightTask!\n");
}
}
```

当需要切换任务时，可以通过开启线程、悬挂线程进行操作。

```
else if (!strcmp(ch,ch2)){
    printf("open adc");
    ADCLightDemo();
}
else if (!strcmp(ch,ch3)){
    printf("close adc");
    osThreadSuspend(threadHiID);
}
```

7.2.4 前端模块

本模块实现单击事件、发送请求和接收反馈等，相关代码请扫描二维码获取。

7.3 成果展示

Hi3861 开发板实现效果如图 7-3 所示。外接的光敏电阻连接在 A9 引脚，人体红外感应器连接在 A11 引脚。

图 7-3　Hi3861 开发板实现效果

当前端控制开发板照明开启或在自动照明状态下，光敏电阻感受到外界亮度低于一定值，或在感应照明状态下人体红外传感器感应到有人在移动时，LED 点亮，其他情况下 LED 灭，如图 7-4 和图 7-5 所示。

图 7-4　LED 亮

图 7-5　LED 灭

鸿蒙 App 的实现效果如图 7-6 所示。

当开启家用照明开关时,App 发送 POST 请求,OneNET 云平台转接请求到开发板,开发板返回状态后,确认指令发送成功,家用照明开关状态变为开启,同时弹出成功提示框。如果返回错误信息,则弹出错误提示框,如图 7-7 所示。

开启夜间自动功能与感应照明功能如图 7-8 所示。

图 7-6　App 页面效果　　　图 7-7　发送指令成功与失败提示　　　图 7-8　夜间自动与感应照明开启状态

开发板开启后,搜索 WiFi 并连接,串口效果如图 7-9 所示。

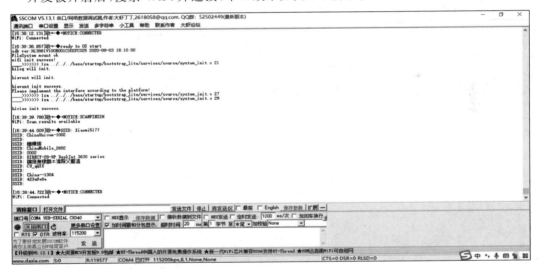

图 7-9　WiFi 连接

如图 7-10 所示,在 App 中开启家用照明,开发板接收并打印指令,完成相应操作。若接收 1,则输出 turn ON,开启 LED;若接收 0,则输出 turn OFF,关闭 LED;若接收 2,则输出 open adc,开启光控模块,同时实时输出光敏电压;若接收 3,则输出 close adc,关闭光控模块;若接收 4,则输出 open pir,开启人体红外感应模块,同时实时输出感应电压;若接收 5,则输出 close pir,关闭人体红外感应模块。

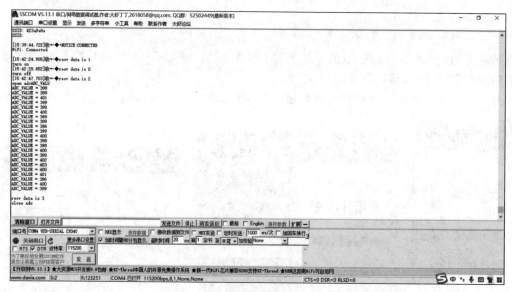

图 7-10　接收指令

7.4　元件清单

完成本项目所需的元件及数量如表 7-2 所示。

表 7-2　元件清单

元件/测试仪表	数　量	元件/测试仪表	数　量
面包板	1 个	HC-SR501 微型人体红外感应模块	1 个
Hi3861	1 个	干电池	3 个
GL5516 光敏电阻	1 个	导线	若干

项目 8

智 能 中 控

本项目由 ESP32 及 Hi3861 构成。ESP32 显示时间、地点、天气等信息，Hi3861 开发板外接热敏传感器和人体传感器，实现高温和可疑人员报警。

8.1 总体设计

本部分包括系统架构和系统流程。

8.1.1 系统架构

系统架构如图 8-1 所示，Hi3861 开发板与外设引脚连线如表 8-1 所示。

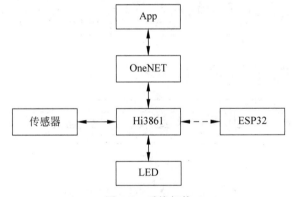

图 8-1 系统架构

表 8-1 开发板与外设引脚连线

Hi3861 开发板	外设引脚	ESP32 开发板	外设引脚
GPIO10	热敏传感器 D0	IO36	OLED SCK
3V3	热敏传感器 VCC	IO35	OLED SDA
GND	热敏传感器 GND	IO34	OLED RST
GPIO0	HC-SR501 OUT	IO33	OLED DC
USB_5V	HC-SR501 VCC+	IO37	OLED CS
GND	HC-SR501 VCC-	IO7	IR

8.1.2 系统流程

系统流程如图 8-2 所示，软件系统架构如图 8-3 所示，硬件系统架构如图 8-4 所示。

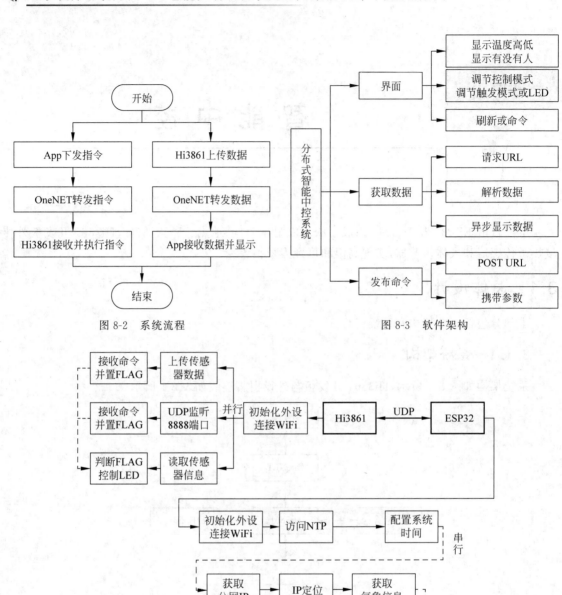

图 8-2 系统流程　　　　　　　　图 8-3 软件架构

图 8-4 硬件架构

8.2 模块介绍

　　分布式智能中控系统的硬件部分采用 VSCode、Arduino、Ubuntu 和 Windows 混合开发，其中 VSCode 负责 Hi3861 的代码编写，Ubuntu 负责 OpenHarmony 3.0.3 的代码编译，最后在 Windows 平台上使用 Hiburn 进行烧录，Arduino 负责 ESP32 的代码编辑、编译和烧录。

　　Hi3861 包括 WiFi 模块、ESP32 功能、OneNET 云平台、应用界面和应用逻辑。ESP32 包括 API 请求模块、屏幕驱动模块、按键及红外接收模块。实现 GPIO 的初始化、WiFi 连接和新建线程的相关代码如下：

```
#include <stdio.h>
#include <string.h>
#include <unistd.h>
#include "iot_gpio.h"
#include <hi_io.h>
#include "ohos_init.h"
#include "cmsis_os2.h"
#include "wifi_device.h"
#include "iot_pwm.h"
#include "iot_errno.h"
#include "hi_pwm.h"
#include <hi_gpio.h>
#include "lwip/netifapi.h"
#include "lwip/api_shell.h"
#include "lwip/sockets.h"
#include "onenet_test.h"
#define UDP_PROT 8888                           //UDP 监听端口
#define LED_TASK_GPIO 9
#define PWM0 0                                  //PWM0
#define TEMP_GPIO 10                            //热敏传感器 I/O
#define HUMAN_GPIO 0                            //人体传感器 I/O
void TaskEntry()
{
    osThreadAttr_t attr;
    //初始化 GPIO
    //LED
    IoTGpioInit(LED_TASK_GPIO);
    //human sensor
    IoTGpioInit(HUMAN_GPIO);
    IoTGpioSetDir(HUMAN_GPIO,IOT_GPIO_DIR_IN);
    hi_io_set_pull(HUMAN_GPIO,HI_IO_PULL_NONE);     //浮空输入
    //temp sensor
    IoTGpioInit(TEMP_GPIO);
    IoTGpioSetDir(TEMP_GPIO,IOT_GPIO_DIR_IN);
    hi_io_set_pull(TEMP_GPIO,HI_IO_PULL_NONE);      //浮空输入
    //IoTGpioSetDir(LED_TASK_GPIO,IOT_GPIO_DIR_OUT);
    //IoTGpioSetOutputVal(LED_TASK_GPIO,1);
    WifiConnectTask();
    attr.name = "onenetTask";
    attr.attr_bits = 0U;
    attr.cb_mem = NULL;
    attr.cb_size = 0U;
    attr.stack_mem = NULL;
    attr.stack_size = 4096;
    attr.priority = 26;
    //新建 OneNET 线程
    if (osThreadNew((osThreadFunc_t)onenetTask, NULL, &attr) == NULL) {
        printf("[wifi_sta_demo] Falied to create onenetTask!\n");
    }
    //新建 UDP 服务器端线程
    attr.name = "udpServerTask";
    if (osThreadNew((osThreadFunc_t)udpServerTask, NULL, &attr) == NULL) {
        printf("[wifi_sta_demo] Falied to create udpServerTask!\n");
    }
```

```
//新建 LED 控制线程
attr.name = "ledTask";
if (osThreadNew((osThreadFunc_t)ledTask, NULL, &attr) == NULL) {
    printf("[wifi_sta_demo] Falied to create ledTask!\n");
    }
}
SYS_RUN(TaskEntry);
```

8.2.1　WiFi 模块

本模块通过 SSID 和密码以 STA 模式接入 WiFi，并使用 DHCP 协议获取 IP 地址。相关代码请扫描二维码获取。

8.2.2　ESP32 功能

本部分包括 API 请求、屏幕驱动、按键和红外遥控。

1. API 请求

通过 ESP32S2 的 WiFi 库连接附近 WiFi 后再调用各种 API 获取公网 IP、位置以及天气等数据。

调用 API 需要通过 HTTPClient 库的函数发起 HTTP 的 GET 请求，服务器端以 Json 格式返回请求结果，因此，程序中还会涉及 Json 格式数据的解析。但 Arduino 中自带了解析 Json 数据的 ArduinoJson 库，可以方便提取各种请求结果。

```
void GetIPPos()
{
  HTTPClient http;
  Serial.println("[HTTP] begin IP position Task...");
  //拼接腾讯地图 API 的请求 URL
  String url;
  String str1 = "https://apis.map.qq.com/ws/location/v1/ip?ip=";
  String strIP = IPDoc["ip"];
  String str2 = "&key=A5PBZ-T5JCI-ULHGG-5WFGE-QKV53-N7Bxx";
  url=str1 + strIP + str2;
  http.begin(url); //HTTP "https://apis.map.qq.com/ws/location/v1/ip?ip=111.16.
159.252&key=A5PBZ-T5JCI-ULHGG-5WFGE-QKV53-N7BX2"
  Serial.println("[HTTP] GET...");
  int httpCode = http.GET();
  //如果有返回
  if(httpCode > 0)
  {
    Serial.print("[HTTP] GET... code: ");
    Serial.print(httpCode);
    //如果状态码为 200,则说明请求成功
    if(httpCode == HTTP_CODE_OK)
    {
      //将返回结果存入 ArduinoJson 对象中
      String payload = http.getString();
      deserializeJson(doc, payload);
          Serial.println(payload);
//Serial.println(res);
    }else
    {
```

```
        //如果失败,则打印错误信息
        Serial.print("[HTTP] GET... failed, error: ");
        Serial.print(http.errorToString(httpCode).c_str());
      }
      http.end();
    }
  }
  void GetWeather()
  {
    HTTPClient http;
    //拼接知心天气请求 URL
    Serial.println("[HTTP] begin weather task...");
    String url;
      String str1 = " https://api. seniverse. com/v3/weather/now. json? key =
  SkhGznh46dt4DxcVr&locatioxx";
    String str2 = "&language=zh-Hans&unit=c";
    String strCity = doc["result"]["ad_info"]["city"];
    url=str1 + strCity + str2;
    //发起请求
    http.begin(url);                                      //HTTP
    Serial.println("[HTTP] GET...");
    int httpCode = http.GET();
    //如果有,则返回
    if(httpCode > 0)
    {
      Serial.print("[HTTP] GET... code: ");
      Serial.print(httpCode);
      //如果状态码为 200,则说明请求成功
      if(httpCode == HTTP_CODE_OK)
      {
        //将返回结果存入 ArduinoJson 对象中
        String payload = http.getString();
        deserializeJson(weatherDoc, payload);
            Serial.println(payload);
  //Serial.println(res);
      }else
      {
        Serial.print("[HTTP] GET... failed, error: ");
        Serial.print(http.errorToString(httpCode).c_str());
      }
      http.end();
    }
  }
  void getPublicIP()
  {
    HTTPClient http;
    //直接访问 URL,获得公网 IP 返回值
    Serial.println("[HTTP] begin Public IP Task...");
    String url = "https://api.myip.com/";
    http.begin(url);                                      //HTTP
    Serial.println("[HTTP] GET...");
    int httpCode = http.GET();
    if(httpCode > 0)
    {
      Serial.print("[HTTP] GET... code: ");
```

```
    Serial.print(httpCode);
    if(httpCode == HTTP_CODE_OK)
    {
      //将返回结果存入 ArduinoJson 对象中
      String payload = http.getString();
      deserializeJson(IPDoc, payload);
      Serial.println(payload);
    }else
    {
      Serial.print("[HTTP] GET... failed, error: ");
      Serial.print(http.errorToString(httpCode).c_str());
    }
    http.end();
  }
}
```

2. 屏幕驱动

使用 Arduino 平台进行开发，可以调用丰富的显示驱动库。例如，U8g2、adafruit 等。本项目采用 U8g2 库进行 OLED 的驱动。

初始化完毕后显示 API 请求获得的数据作为第一页，在第二页中显示 Hi3861 的 LED 状态并绘制亮度条。

```
int PIN_SCK = 36;                                        //IO36
int PIN_SDA = 35;                                        //IO35
int PIN_RST = 34;                                        //IO34
int PIN_DC  = 33;                                        //IO33
int PIN_CS  = 37;                                        //IO37
U8G2_SSD1306_128X64_NONAME_1_4W_SW_SPI u8g2(U8G2_R0, PIN_SCK, PIN_SDA, PIN_CS, PIN_
DC, PIN_RST);
u8g2.begin();                                            //初始化 OLED 驱动
u8g2.enableUTF8Print();
u8g2.firstPage();
  do
  {
      u8g2.setFont(u8g2_font_wqy14_t_gb2312a);
      if(page==0)
      {
        //获取时间以及天气、位置等信息
        GetTime();
        String resPos = doc["result"]["ad_info"]["city"];
        String resWeather = weatherDoc["results"][0]["now"]["text"];
        String resTemp = weatherDoc["results"][0]["now"]["temperature"];
        //显示到对应位置
        u8g2.setCursor(0,15);u8g2.print(&timeinfo,"%Y/%m/%d %H:%M:%S");
        u8g2.setCursor(0,40);u8g2.print(resPos);        //位置
        u8g2.setCursor(0,60);u8g2.print("天气:");
        u8g2.setCursor(40,60);u8g2.print(resWeather);  //天气
        u8g2.setCursor(80,60);u8g2.print(resTemp);     //温度
        u8g2.setCursor(95,60);u8g2.print("度");
      }
      else
      {
        //第二页
        u8g2.setCursor(0,15);u8g2.print("LED 状态:");
        u8g2.setCursor(70,15);u8g2.print(LEDStatus);
```

```
    u8g2.setCursor(0,40);u8g2.print("亮度:");
    //绘制亮度条
    u8g2.drawFrame(40,30,80,10);
    u8g2.drawBox(40,30,lumBarVal,10);
    }
  }while(u8g2.nextPage());
```

3. 按键和红外遥控

通过按键和红外遥控实现人机交互,控制 ESP32 输出调试信息或者向 Hi3861 开发板发送 UDP 信息控制 LED 状态。

```
int PIN_KEY1 = 1;                                //IO1
int PIN_KEY2 = 2;                                //IO2
int PIN_KEY3 = 3;                                //IO3
int PIN_KEY4 = 6;                                //IO6
#define RECV_PIN 7
WiFiUDP Udp;
IRrecv irrecv(RECV_PIN);                         //创建一个红外接收对象
decode_results results;                          //存储接收的红外遥控信息
//读取按键信息
  int buttonState = digitalRead(PIN_KEY1);
  int buttonState2 = digitalRead(PIN_KEY2);
  int buttonState3 = digitalRead(PIN_KEY3);
  int buttonState4 = digitalRead(PIN_KEY4);
  //模拟按键中断
  if(buttonState == LOW)
  {
    if(page==0)
    {
      //更新天气
      GetWeather();
      Serial.println("updating weather...");
      delay(50);
    }
    else
    {
      //控制亮灭
      if(LEDStatus=="on")
      {
        LEDStatus="off";
      }
      else
      {
        LEDStatus="on";
      }
      delay(50);
    }
  }
  //模拟按键中断
  if(buttonState2 == LOW)
  {
    if(page==0)
    {
      //打印 IP 信息
      Serial.print("IP:");
```

```
        Serial.println(WiFi.localIP());
        Serial.print("PublicIP:");
        Serial.println(PublicIP);
        delay(50);
    }
    else
    {
        //减亮度
        lumBarVal-=8;
        if(lumBarVal<8)
            lumBarVal=8;
        delay(50);
    }
}
//模拟按键中断
if(buttonState3 == LOW)
{
    if(page==0)
    {
        //重新请求 NTP 服务器端
        Serial.println("Getting Time...");
        GetTime();
        delay(50);
    }
    else
    {
        //加亮度
        lumBarVal+=8;
        if(lumBarVal>80)
            lumBarVal=80;
        delay(50);
    }
}
//模拟按键中断
if(buttonState4 == LOW)
{
    //切换页面
    Serial.println("change page");
    if(page==0)
        page=1;
    else
        page=0;
    delay(50);
}
//红外解码
if(irrecv.decode(&results))
{
    Serial.println(results.value,HEX);   //以十六进制的形式输出 results.valueASCII
                                         //编码值并同时跟随一个回车和换行符
    if(results.value==0x44bb738c)
    {
        //控制亮灭
        if(LEDStatus=="on")
        {
            LEDStatus="off";
```

```
      LEDUDPSatus='F';
    }
    else
    {
      LEDStatus="on";
      LEDUDPSatus='T';
    }
    //UDP打包并发送
    Udp.beginPacket(hi3861IP,hi3861Port);
    Udp.print(LEDUDPSatus);
    Udp.print(lumUDPStatus);
    Udp.endPacket();
  }
  //加亮度
  else if(results.value==0x44bb837c)
  {
    lumBarVal+=8;
    if(lumBarVal>80)
      lumBarVal=80;
    lumUDPStatus=lumBarVal/8-1;
    Udp.beginPacket(hi3861IP,hi3861Port);
    Udp.print(LEDUDPSatus);
    Udp.print(lumUDPStatus);
    Udp.endPacket();
  }
  //减亮度
  else if(results.value==0x44bb9966)
  {
    lumBarVal-=8;
    if(lumBarVal<8)
      lumBarVal=8;
    lumUDPStatus=lumBarVal/8-1;
    Udp.beginPacket(hi3861IP,hi3861Port);
    Udp.print(LEDUDPSatus);
    Udp.print(lumUDPStatus);
    Udp.endPacket();
  }
  //切换界面
  else if(results.value==0x44bb53ac || results.value==0x44bb4bb4)
  {
    if(page==0)
      page=1;
    else
      page=0;
  }
  irrecv.resume();                                    //接收下一个编码
}
```

8.2.3 OneNET 云平台

本部分包括创建账号、创建产品、添加设备和添加数据流。

1. 创建账号

登录网页 https://open.iot.10086.cn/passport/reg/，按要求填写注册信息后进行实名认证。

2．创建产品

进入 Studio 平台后，在全部产品中选择多协议接入。单击"添加产品"按钮，在弹出的页面中按照提示填写基本信息。本项目采用 MQTT 协议接入。

3．添加设备

单击"创建的产品"按钮，进入详情页面，单击菜单栏中的设备列表，按照提示添加设备。

4．添加数据流

单击"数据流模板管理"按钮，添加两条数据流，如图 8-5 所示。

图 8-5　添加数据流

8.2.4　应用界面

实现鸿蒙应用界面设计主要代码请扫描二维码获取。

8.2.5　应用逻辑

鸿蒙应用逻辑代码请扫描二维码获取。

8.3　成果展示

Hi3861 开发板和 ESP32 开发板实现的协同工作效果如图 8-6 所示，ESP32 控制 SPI 协议的 LED 显示效果如图 8-7 所示，Hi3861 工作时串口打印如图 8-8 所示，手机端 App 效果如图 8-9 所示。

图 8-6　协同工作

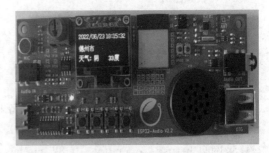

图 8-7　LED 显示

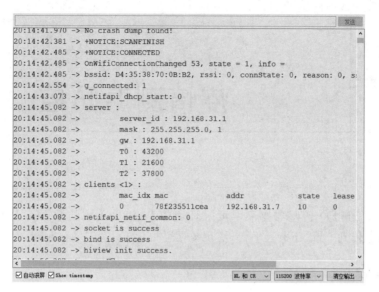

图 8-8　Hi3861 串口打印

图 8-9　App 页面效果

8.4　元件清单

完成本项目所需的元件及数量如表 8-2 所示。

表 8-2　元件清单

元件/测试仪表	数　量	元件/测试仪表	数　量
面包板	1 个	NTC 热敏模块	1 个
Hi3861	1 个	ESP32S2-Audio	1 个
HC-SR501	1 个	杜邦线	6 根

项目 9

疫情测温防控

本项目通过 DHT11 传感器监测温度等环境信息,将采集到的数据传入 Hi3861 开发板后,通过 WiFi 上传到 OneNET 云平台,实现数据可视化。

9.1 总体设计

本部分包括系统架构和系统流程。

9.1.1 系统架构

系统架构如图 9-1 所示,Hi3861 开发板与外设引脚连线如表 9-1 所示。

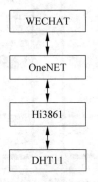

图 9-1 系统架构

表 9-1 Hi3861 开发板与外设引脚连线

Hi3861 开发板	DHT11	Hi3861 开发板	DHT11
D0	out	USB_5V	+
GND	—		

9.1.2 系统流程

系统流程如图 9-2 所示。

疫情测温系统通电后进行 DHT11、WiFi 等模块的初始化,DHT11 采集环境信息并通过 SSCOM 打印串口信息,然后对温度值进行阈值判断,当温度值高于 37.5℃时 LED 闪灯报警,此时虽然可以继续检测数据,但是 LED 仍会闪动,需要防疫人员排除疫情后重新复位才可以消除闪动。系统断电后会结束死循环。

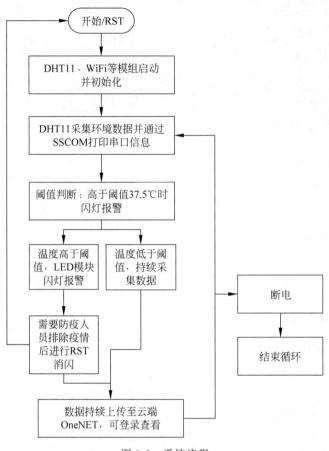

图 9-2 系统流程

9.2 模块介绍

本项目由 VSCode 和 DevEco Studio 开发,包括主函数、LED 控制、DHT11 模块、WiFi 模块、OneNET 云平台和可视化微信小程序模块。下面分别给出各模块的功能介绍及相关代码。

9.2.1 主函数

系统代码逻辑如图 9-3 所示。

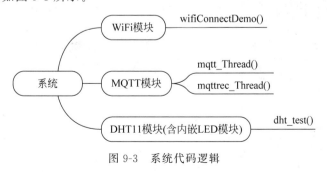

图 9-3 系统代码逻辑

核心代码如下:

```
#include <stdio.h>
#include "ohos_init.h"
#include "ohos_types.h"
#include "mmled.h"
#include "wifi_connect_demo.h"
#include "dht11.h"
#include "unistd.h"
#include "mqtttest.h"
#include "hi_time.h"
#include "cmsis_os2.h"
void HelloWorld(void)
{
    printf("Hello World.\n");            //打印信息
    WifiConnectDemo();                   //加载 WiFi 模块
    mqtt_Thread();                       //通过 MQTT 连接 OneNET 云平台
    mqttrec_Thread();
    dht_test();                          //加载 DHT11 模块
}
SYS_RUN(HelloWorld);
```

9.2.2 LED 控制

LED 代码逻辑如图 9-4 所示。

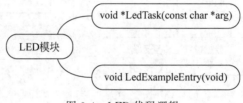

图 9-4 LED 代码逻辑

核心代码如下：

```
#include <stdio.h>
#include "ohos_init.h"
#include "cmsis_os2.h"
#include "wifiiot_i2c.h"
#include "wifiiot_gpio.h"
#include "wifiiot_gpio_ex.h"
#include <unistd.h>
#include "hi_time.h"
#include "oled_demo.h"
#include "mqtttest.h"
//LED 控制
#define LED_INTERVAL_TIME_US 300000        //定义频率
#define LED_TASK_STACK_SIZE 512            //堆栈大小
#define LED_TASK_PRIO 25
enum LedState {
    LED_ON = 0,
    LED_OFF,
    LED_SPARK,
};
static enum LedState g_ledState = LED_SPARK;
//创建 LED 闪烁任务
static void *LedTask(const char *arg)
```

```
{
    (void)arg;
    while (1) {
        switch (g_ledState) {
            //状态选择
            case LED_ON:
                GpioSetOutputVal(WIFI_IOT_IO_NAME_GPIO_9, 1);
                usleep(LED_INTERVAL_TIME_US);
                break;
            case LED_OFF:
                GpioSetOutputVal(WIFI_IOT_IO_NAME_GPIO_9, 0);
                usleep(LED_INTERVAL_TIME_US);
                break;
            case LED_SPARK:
                GpioSetOutputVal(WIFI_IOT_IO_NAME_GPIO_9, 0);
                usleep(LED_INTERVAL_TIME_US);
                GpioSetOutputVal(WIFI_IOT_IO_NAME_GPIO_9, 1);
                usleep(LED_INTERVAL_TIME_US);
                break;
            default:
                usleep(LED_INTERVAL_TIME_US);
                break;
        }
    }
    return NULL;
}
//封装接口
static void LedExampleEntry(void)
{
    osThreadAttr_t attr;
    GpioInit();
    IoSetFunc(WIFI_IOT_IO_NAME_GPIO_9, WIFI_IOT_IO_FUNC_GPIO_9_GPIO);
    GpioSetDir(WIFI_IOT_IO_NAME_GPIO_9, WIFI_IOT_GPIO_DIR_OUT);
    attr.name = "LedTask";
    attr.attr_bits = 0U;
    attr.cb_mem = NULL;
    attr.cb_size = 0U;
    attr.stack_mem = NULL;
    attr.stack_size = LED_TASK_STACK_SIZE;
    attr.priority = LED_TASK_PRIO;
    if (osThreadNew((osThreadFunc_t)LedTask, NULL, &attr) == NULL) {
        printf("[LedExample] Falied to create LedTask!\n");
    }
}
```

9.2.3 DHT11 模块

DHT11 模块代码逻辑如图 9-5 所示。

核心代码如下：

```
#include <stdio.h>
#include "ohos_init.h"
#include "cmsis_os2.h"
#include "wifiiot_i2c.h"
#include "wifiiot_gpio.h"
```

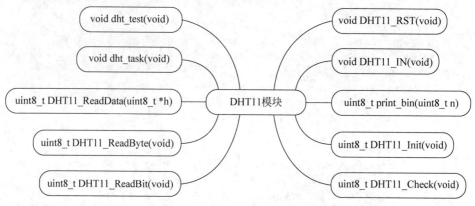

图 9-5　DHT11 模块代码逻辑

```
#include "wifiiot_gpio_ex.h"
#include <unistd.h>
#include "hi_time.h"
#include "oled_demo.h"
#include "mqtttest.h"
//DHT11 模块
#define MAX_TIME 85
#define dataport WIFI_IOT_IO_NAME_GPIO_0
WifiIotGpioValue level;
WifiIotGpioValue levelold;
typedef union{
    unsigned char bits[8];
    char data;
}dataarray;
uint8_t GPIOGETINPUT(WifiIotIoName id,WifiIotGpioValue *val)
{
    GpioGetInputVal(id,val);
    return *val;
}
//DHT11 端口复位，发出起始信号(I/O 发送)
void DHT11_RST (void){
    GpioSetDir(dataport, WIFI_IOT_GPIO_DIR_OUT);
    GpioSetOutputVal(dataport, 0);
    hi_udelay(20* 1000);
    GpioGetOutputVal(dataport,&levelold);
    GpioSetOutputVal(dataport, 1);
    hi_udelay(30);
}
//DHT11 端口读入信号
void DHT11_IN(void){
    GpioSetDir(dataport, WIFI_IOT_GPIO_DIR_IN);
}
//二进制信息处理
uint8_t print_bin(uint8_t n)
{
    int l = sizeof(n)* 8;                      //总位数为 8
    int i;
    if(n == 0)
    {
        printf("0");
```

```
        return 0;
    }
    for(i =l- 1;i>=0;i--)                            //略去高位 0
    {
        if(n&(1<<i)) break;
    }
    for(;i>=0;i--){
        printf("%d",(n&(1<<i))!=0);
    }
    return 1;
}
//DHT11 回应函数,返回 1:未检测到 DHT11;返回 0:成功(I/O 接收)
uint8_t DHT11_Check(void){
    uint8_t retry=0;
    DHT11_IN();                                       //I/O 到输入状态
    while(GPIOGETINPUT(dataport,&levelold)&&retry<100){
        //DHT11 会拉低 40~80μs
        retry++;
        hi_udelay(1);
    }
    if(retry>=100)return 1; else retry=0;
    while((!GPIOGETINPUT(dataport,&levelold))&&retry<100){
        //DHT11 拉低后会再次拉高 40~80μs
        retry++;
        hi_udelay(1);
    }
    if(retry>=100)return 1;
    return 0;
}
//DHT11 模块 GPIO 接口初始化
uint8_t DHT11_Init(void){
    GpioInit();
    IoSetFunc(dataport, WIFI_IOT_IO_FUNC_GPIO_0_GPIO);
    IoSetFunc(WIFI_IOT_IO_NAME_GPIO_9, WIFI_IOT_IO_FUNC_GPIO_9_GPIO);
    GpioSetDir(WIFI_IOT_IO_NAME_GPIO_9, WIFI_IOT_GPIO_DIR_OUT);
    GpioSetOutputVal(WIFI_IOT_IO_NAME_GPIO_9, 0);
    usleep(5000* 1000);
    DHT11_RST();
    return DHT11_Check();
}
//DHT11 读入比特数据
uint8_t DHT11_ReadBit(void){
    //从 DHT11 读取一个位返回值:1/0
    uint8_t retry=0;
    while(GPIOGETINPUT(dataport,&levelold)&&retry<100){
        //等待变为低电平
        retry++;
        hi_udelay(1);
    }
    retry=0;
    while((!GPIOGETINPUT(dataport,&levelold))&&retry<100){
        //等待变为高电平
        retry++;
        hi_udelay(1);
    }
```

```
        hi_udelay(40);                                    //等待 40μs
        //用于判断高低电平，即数据 1 或 0
        if(GPIOGETINPUT(dataport,&levelold))return 1; else return 0;
    }
//DHT11 读入字节数据
uint8_t DHT11_ReadByte(void){
        uint8_t i,dat;
        dat=0;
        for (i=0;i<8;i++){
            dat<<=1;
            dat|=DHT11_ReadBit();
        }
        return dat;
    }
//读取一次数据
//湿度值(十进制,范围:20%~90%)
//温度值(十进制,范围:0~50℃)
//返回值:0 为正常; 1 为失败
uint8_t DHT11_ReadData(uint8_t *h){
        uint8_t buf[5];
        uint8_t i;
        DHT11_RST();
        //DHT11 端口复位,发出起始信号
        if(DHT11_Check()==0){                             //等待 DHT11 回应
            printf("start\n");
            for(i=0;i<5;i++){                             //读取 5 位数据
                buf[i]=DHT11_ReadByte();                  //读出数据
            }
            if((buf[0]+ buf[1]+ buf[2]+ buf[3])==buf[4]){ //数据校验
                *h=buf[2];                                //将温度值放入指针 1
                h=h+ 1;
                *h=buf[0];                                //将湿度值放入指针 2
            }
        }else return 1;
        return 0;
    }
    void dht_task(void){
        printf("DHT init\n");
        uint8_t data[2];
        unsigned char devid=001;
        //uint8_t rm;
        while(1){
        if((DHT11_Init()==0)){
            printf("success dht11 init\n");
            break;
        }
        else {printf("cannot get dht11\n");}
        hi_udelay(1000* 1000);
        }
        while (1)
        {
        data[0]=0;
        data[1]=0;
        if(DHT11_ReadData(data)==0){
            if((data[1]!=0)||(data[0]!=0)){
```

```
        printf("get data success\n");
        printf("hum:%d\n",data[1]);
        printf("temp:%d\n",data[0]);
        if(data[0]>37.5){
            LedExampleEntry();
        }
        Oledshowdata(devid,data[1],data[0]);
        mqtt_publish("TOP1",data[1],data[0]);
        }
    }
    else {printf("failed,wait next time\n");}
    usleep(2000* 1000);
    }
}
void dht_test(void){
    osThreadAttr_t dhtattr;
    dhtattr.name = "dht_task";
    dhtattr.attr_bits = 0U;
    dhtattr.cb_mem = NULL;
    dhtattr.cb_size = 0U;
    dhtattr.stack_mem = NULL;
    dhtattr.stack_size = 10240;
    dhtattr.priority =osPriorityNormal;
    if (osThreadNew((osThreadFunc_t)dht_task, NULL, &dhtattr) == NULL) {
        printf("[DHT11] Falied to create DHT11Task!\n");
    }
}
```

9.2.4　WiFi 模块

WiFi 模块代码逻辑如图 9-6 所示。

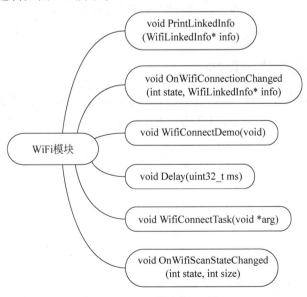

图 9-6　WiFi 模块代码逻辑

核心代码请扫描二维码获取。

9.2.5　OneNET 云平台

本部分包括创建账号、创建产品、添加设备和相关代码。

1. 创建账号

登录网页 https://open.iot.10086.cn/passport/reg/，按要求填写注册信息后进行实名认证。

2. 创建产品

进入 Studio 平台后，在全部产品中选择多协议接入。单击"添加产品"按钮，在弹出页面中按照提示填写基本信息。本项目采用 MQTT 协议接入。

3. 添加设备

单击"创建的产品"按钮，进入详情页面，单击菜单栏中的设备列表，按照提示添加设备。

4. 相关代码

OneNET 云平台代码逻辑如图 9-7 所示。

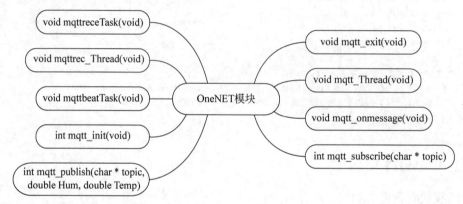

图 9-7　OneNET 云平台代码逻辑

核心代码请扫描二维码获取。

9.2.6　可视化微信小程序

数据可视化采用微信小程序链接云平台，函数是 JavaScript 文件中的 wx.request 函数，小程序端需要向 OneNET 云平台请求数据。同时可以借助 APIpost 进行数据嵌套结构查看，如图 9-8 所示。

返回的数据结构相关代码如下：

```
{
    "errno": 0,
    "data": {
        "count": 2,
        "datastreams": [
            {
                "datapoints": [
                    {
                        "at": "2022-06-24 12:29:27.000",
                        "value": 45
                    }
                ],
```

图 9-8　APIpost 测试结果

```
          "id": "hum"
      },
      {
          "datapoints": [
              {
                  "at": "2022-06-24 12:24:50.000",
                  "value": 27
              }
          ],
          "id": "temp"
      }
    ]
  },
  "error": "succ"
}
```

(1) index 文件相关代码。

```
index.js
//index.js
const app = getApp()
Page({
  data: {
    userInfo: {},
    logged: false,
    takeSession: false,
    requestResult: '',
  },
  radioChange: function (e) {
    var str = null;
    for (var value of this.data.items) {
      if (value.name == e.detail.value) {
        str = value.value;
        break;
      }
    }
    this.setData({ radioStr: str });
  },
```

```
    points:function(e) {
      var that = this
      wx.request({
        url: "http://api.heclouds.com/devices/962905142/datapoints?",
//OneNET 的地址接口
        header: {
          'content-type': 'application/x-www-form-urlencoded',
          "api-key": "JACKswBhZtHCmyQNac916dhByZY="//此处使用 MAster-API-KEY, 也可以
                                              //使用单个设备的 API-KEY
        },
        data:{
          limit:1
        },
        method :"GET",
        success:function(res){
          that.setData({
            //返回数据值，可以使用 airpost 查看数据类型，从而观察此处的数据嵌套结构
            hum:res.data.data.datastreams[0].datapoints[0].value,
            temp:res.data.data.datastreams[1].datapoints[0].value,
          })
        }
      })
    },
    onShow: function(){
    },
    onLoad: function() {
    },
})
index.json
{
  "navigationBarBackgroundColor":"#FFFFFF",
  "navigationBarTextStyle":"black",
  "navigationBarTitleText":"Hi3861 疫情防控系统数据可视化"
}
index.wxml
<! -- pages/index/index.wxml-->
<view  class= "content">
    <view style="flex:1;width:100%">
      <label class="xia">
      <text class="zm1">当前温度:{{temp}}℃</text>
      </label>
    </view>
    <view style="flex:1;width:100%">
    <label class="xia">
     <text class="zm1">当前湿度:{{hum}} %</text>
    </label>
    </view>
    <button class="login-btn" bindtap="points" >显示温湿度</button>
  </view>
index.wxss
//pages/index/index.wxss
page {
```

```
  background: #f6f6f6;
  display: flex;
  flex-direction: column;
  justify-content: flex-start;
}
.headTitle{
   width: 100%;
   height: 80rpx;
   background-color: #ffffff;
   overflow:hidden;                    //设置超出内容隐藏
   white-space:nowrap;                 //设置超出不换行
   border-bottom :1px solid #F3F3F3;
}
.headTitle .titleItem{
  display: inline-block;
  line-height:80rpx;
  color: #889999;
  font-size:34rpx;
  margin: 0 20rpx;
}
.headTitle .selctItem{
  color: #000000;
  font-weight: bold;
}
.itemView{
  width: 100%;
  height:180rpx;
  position: relative;
  border-bottom: 1px solid #F3F3F3;
}
.zm{
  margin-top: 20rpx;
  border:1px solid#ebe4e286;
  width:750rpx;
  height: 100rpx;
  border-radius: 5px;
  font-size: 36;
  font-weight: bold;
  line-height: 80rpx;
  color: #da32e0;
  text-align: center;
  display: flex;
  position: relative;                  //父元素位置设置为相对
}
.content{
  margin-top: 20rpx;
  border:1px solid#ebe4e286;
  width:750rpx;
  height: 600rpx;
  border-radius: 5px;
  font-size: 36;
  font-weight: bold;
```

```
    line-height: 80rpx;
    color: #380033;
    text-align: center;
    flex-direction: column;
    display: flex;
}
.xia{
    justify-content: space-between;
}
.zm1{
    position: absolute;               //将所在位置的子元素的位置设置为绝对
    left: 30rpx;        .             //靠左调节
}
.radio{
    display:inline-block;             //横向布局
}
.kai{
    position: absolute;               //将所在位置的子元素的位置设置为绝对
    right: 100rpx;                    //靠右调节
}
.mos{
    left: 120rpx;                     //靠左调节
    height: 200rpx;
}
```

（2）未单击"显示温湿度"按钮时界面展示如图 9-9 所示，单击"显示温湿度"按钮后可查看 OneNET 云平台最新数据，如图 9-10 所示。

图 9-9　未单击"显示温湿度"按钮可视化界面　　　图 9-10　单击"显示温湿度"按钮可视化界面

9.3　成果展示

Hi3861 开发板的通电状态如图 9-11 所示，代码编译成功如图 9-12 所示，OneNET 云平台接收效果如图 9-13 所示，微信小程序可视化结果如图 9-14 所示。上传数据结果如图 9-15 所示，其中 temp 为温度，hum 为湿度。

图 9-11　Hi3861 开发板通电状态

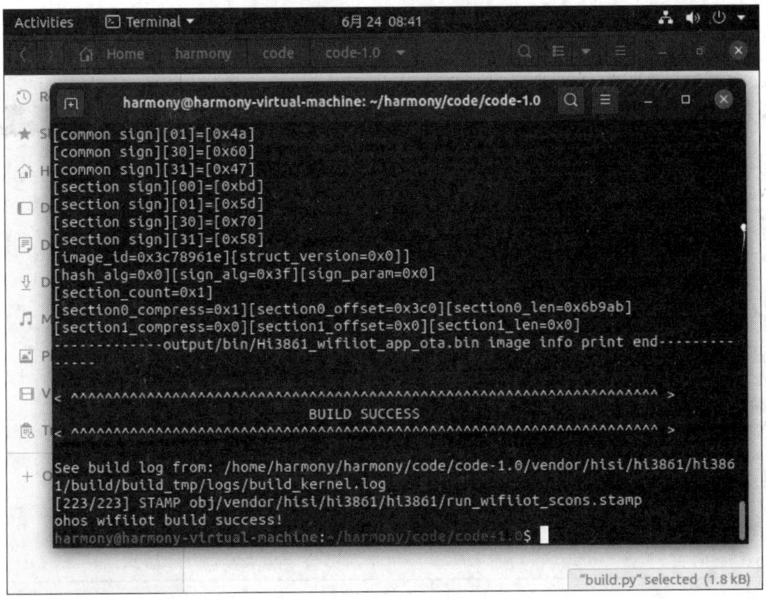

图 9-12　代码编译成功

图 9-13　OneNET 云平台界面

图 9-14　微信小程序可视化结果

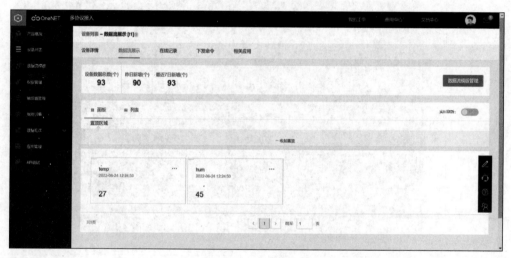

图 9-15　上传数据结果

9.4　元件清单

完成本项目所需的元件及数量如表 9-2 所示。

表 9-2　元件清单

元件/测试仪表	数　量	元件/测试仪表	数　量
面包板	1 个	杜邦线	若干
Hi3861	1 个	TypeC 线	1 条
DHT11 温湿度传感器	1 个		

项目 10

气　象　站

本项目通过鸿蒙 App 获取 Hi3861 开发板采集的温湿度数据，并实现可视化展示。

10.1　总体设计

本部分包括系统架构和系统流程。

10.1.1　系统架构

系统架构如图 10-1 所示，Hi3861 开发板与外设引脚连线如表 10-1 所示。

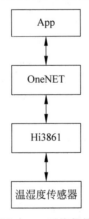

图 10-1　系统架构

表 10-1　Hi3861 开发板与外设引脚连线

Hi3861 开发板	温湿度传感器	Hi3861 开发板	温湿度传感器
I2C0	I2C	GPIO13	SDA
GPIO14	SCL		

10.1.2　系统流程

系统流程如图 10-2 所示。

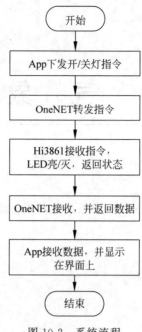

图 10-2　系统流程

10.2　模块介绍

本项目由 VSCode 和 DevEco Studio 开发，包括 LED 控制、WiFi 模块、OneNET 云平台和前端模块。下面分别给出各模块的功能介绍及相关代码。

10.2.1　LED 控制

实现 LED 开关控制的相关代码如下：

```
#include <unistd.h>
#include "stdio.h"
#include "ohos_init.h"
#include "cmsis_os2.h"
#include "iot_gpio.h"
#define LED_TEST_GPIO 9
void *LedTask(const char *arg)
{
    //初始化 GPIO
    IoTGpioInit(LED_TEST_GPIO);
    //设置为输出
    IoTGpioSetDir(LED_TEST_GPIO, IOT_GPIO_DIR_OUT);
    (void)arg;
    while (1)
    {
    //输出低电平
     IoTGpioSetDir(LED_TEST_GPIO, 0);
     usleep(300000);
    //输出高电平
     IoTGpioSetDir(LED_TEST_GPIO, 1);
     usleep(300000);
    }
```

```
    return NULL;
}
void led_demo(void)
{
  osThreadAttr_t attr;
  attr.name = "LedTask";
  attr.attr_bits = 0U;
  attr.cb_mem = NULL;
  attr.cb_size = 0U;
  attr.stack_mem = NULL;
  attr.stack_size = 512;
  attr.priority = 26;
  if (osThreadNew((osThreadFunc_t)LedTask, NULL, &attr) == NULL) {
     printf("[LedExample] Falied to create LedTask!\n");
  }
}
```

10.2.2　WiFi 模块

实现 WiFi 连接的相关代码请扫描二维码获取。

10.2.3　OneNET 云平台

本部分包括创建账号、创建产品、添加设备和相关代码。

1. 创建账号

登录网页 https://open.iot.10086.cn/passport/reg/，按要求填写注册信息后进行实名认证。

2. 创建产品

进入 Studio 平台后，在全部产品中选择多协议接入。单击"添加产品"按钮，在弹出页面中按照提示填写基本信息。本项目采用 MQTT 协议接入。

3. 添加设备

单击"创建的产品"按钮，进入详情页面，单击菜单栏中的设备列表，按照提示添加设备。

4. 相关代码

下面给出连接 OneNET 云平台的相关代码。

（1）VSCode 相关代码。

```
#include "MQTTClient.h"
#include "onenet.h"
#define ONENET_INFO_DEVID "963xxxx58"
#define ONENET_INFO_AUTH "20xxxxx67"
#define ONENET_INFO_APIKEY "H87sp6gNrxxxxxxcovitzSihrQ="
#define ONENET_INFO_PROID "531619"
#define ONENET_MASTER_APIKEY "nAwkPxxxxxxxxxZfvjNopg="int onenet_mqtt_init(void)
{
    int result = 0;
    if (init_ok)
    {
        return 0;
    }
    if (onenet_get_info() < 0)
    {
```

```
            result = -1;
            goto __exit;
        }
    onenet_mqtt.onenet_info = &onenet_info;
    onenet_mqtt.cmd_rsp_cb = NULL;
    if (onenet_mqtt_entry() < 0)
    {
        result = -2;
        goto __exit;
    }
__exit:
    if (!result)
    {
     init_ok = 0;
    }
    else
    {
    }
    return result;
}
```

（2）鸿蒙 App 相关代码。网络请求函数封装在 getDatapoint 函数中，是一个网络通信层的函数。以 Promise 对象的形式返回请求，子视图层可以通过.then 方法处理正常的网络请求，以.catch 方法处理异常的网络请求。

```
import http from '@ohos.net.http';
const devicesId = "561xxxx911"
const api_key = "V4EacMvOJxxxxxx3u=QFe=Gg="
/*
    *   function name: getDatapoint
    *   aim:从 OneNET 请求硬件端获取的数据
    *   @pagam void
    *   return new Promise
    */
    getDatapoint() {
        //本次网络请求的 URL,用于从 OneNET 获取数据
        var url = ` https://api. heclouds. com/devices/${ devicesId }/datapoints?
datastream_id=Light,Temperature,Humidity&limit=20`
        console.log(url)
        return new Promise((resolve, reject) =>{
            //每个 httpRequest 对应一个 http 请求任务,不可复用
            let httpRequest = http.createHttp();
            //用于订阅 http 响应头,此接口会比 request 请求先返回。可以根据业务需要订阅
            httpRequest.on('headerReceive', (err, data) => {
                if(err) {
                    console.info('error:' + err.data);
                }
            });
            //进行网络请求
            httpRequest.request(url,
                {
                    header: {
                        'Content-Type': 'application/json',
                        'api-key': api_key//当前的 api_key,请求数据时使用
                    },
```

```
        method: 'GET',            //可选,默认为 GET
        //当使用 POST 请求时此字段用于传递内容
        //extraData: "data to post",
    },(err, res) => {
        if (!err) {
            //console.log(JSON.stringify(res.result))
            //网络请求成功的情况,此时状态码是 200~299,返回数据到视图层
            if(res.responseCode.toString()[0] == '2')
            {
                resolve({
                    data: res.result.data
                })
            }
            //网络请求失败,400/500 等情况,返回错误信息到视图层
            else{
                console.log(JSON.stringify(res.result))
                reject({
                    err:res.result.error
                })
            }
        }
        //对应 OneNET 服务器端无法连接的情况
        else {
            console.info('error:' + err.data);
            reject({
                err: err
            })
        }
    });
    })
}
```

10.2.4　前端模块

鸿蒙 App 页面主要包含图像工具初始化、自动获取当前温度信息及温湿度图表展示。

(1) 图像工具初始化。对图像工具进行适当的初始化是高效、合理展示数据的基础,也直接决定数据的呈现效果。

设置坐标轴和曲线线条展示的代码,使温湿度的结果可以直观展示,相关代码如下:

```
export default {
    data: {
        //初始化温度图表样式
        temper: [
            {
                strokeColor: '#0081ff',
                fillColor: '#cce5ff',
                data: [],
            }
        ],
        //初始化湿度图表样式
        humid: [
            {
                strokeColor: '#0081ff',
                fillColor: '#cce5ff',
```

```
                    data: [],
                }
            ],
            //配置图表的基本信息
            temp_options: {
                //x轴基本信息
                xAxis: {
                    min: 0,
                    max: 20,
                    display: true
                },
                //y轴基本信息
                yAxis: {
                    min: 0,
                    max: 100,
                    display: true
                },
                //配置点、线的基本样式
                series: {
                    lineStyle:{
                        width: 3.5,
                        smooth: true,
                    },
                    headPoint: {
                        shape: 'circle',
                        size: 10,
                        strokeWidth: 5,
                        strokeColor: '#0081ff',
                        fillColor: '#ffffff',
                    },
                    loop: {
                        margin: 1,
                        gradient: true,
                    }
                }
            },
        },
```

（2）自动获取温湿度信息。基于网络通信层的 getDatapoint 函数进行温湿度信息的获取。在 App 加载时初始化一个计时器，该计时器使 App 可以每隔 6s 从 OneNET 云平台上获取温湿度的数据。getDatapoint 函数返回的是 Promise 对象，根据连接正常与连接异常两种情况对数据进行处理，同时保证 JavaScript 函数较低程度的耦合性，以便进行调试。

基于 App 生命周期 onInit 函数相关代码如下：

```
/*
 *  function name: onInit
 *  aim:生命周期函数，App 启动时自动执行
 *  @pagam void
 *  return void
 */
onInit() {
    var that = this
    //初始化计时器，每 6s 更新一次数据
    const timer = setInterval((_) => {
        this.getDatapoint().then((res) =>{
            console.log("76:" + JSON.stringify(res.data))
            console.log("OK")
```

```
                //var datapoints = res.data.data
                //that.update(datapoints)
                that.update(res.data)
            }).catch((err) => {
                console.log("82:" + JSON.stringify(err))
            })
        },6000)
        //初始获取全部的数据点,.then 表示请求成功,.catch 表示请求失败
        this.getDatapoint().then((res) =>{
            console.log("OK")
            //获取数据
            //this.data.humid.data = res.data.humid
            //this.data.humid.data = res.data.temper
            //that.chartInit(res.data)
        }).catch((err) => {
            console.log("error")
            console.error("95:" + JSON.stringify(err))
            clearInterval(timer)          //首次渲染发生错误时禁止自动刷新
        })
    },
```

（3）温湿度图表展示。基于 chart 组件,将 getDatapoint 函数中获取到的数据传输到数据层 update 函数进行处理之后,通过图表的.append 方法将数据渲染到前端视图层。

```
/*
 *  function name: update
 *  aim:将更新的数据点渲染到界面上
 *  @pagam object datapoint
 *  return void
 */
update(datapoint){
    //console.log(JSON.stringify(datapoint))
    //datastream[0]表示温度信息
    var temper = datapoint.datastream[0].value[0]
    //datastream[0]表示湿度信息
    var humid = datapoint.datastream[1].value[0]
    this.nowHumid = humid
    this.nowTemper = temper
    this.$refs.temper_chart.append({
        serial: 0,
        data: [temper]
    })
    this.$refs.humid_chart.append({
        serial: 0,
        data: [humid]
    })
},
```

10.3　成果展示

Hi3861 及环境监测开发板正面效果如图 10-3 所示,背面连线如图 10-4 所示,环境监测开发板中温湿度传感器电路如图 10-5 所示,串口监视器效果如图 10-6 所示。

环境监测开发板外接端口为 3V3、SDA 和 SCL,所以主板要与其对应接口连接。

鸿蒙 App 的实现效果如图 10-7 所示。

图 10-3　正面图

图 10-4　背面连线图

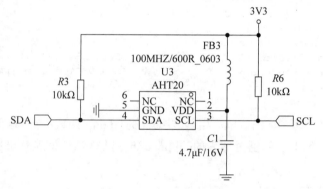

图 10-5　温湿度传感器电路

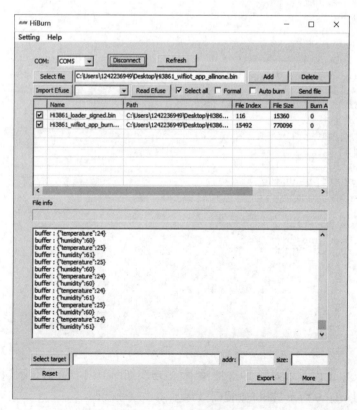

图 10-6　串口监视器效果

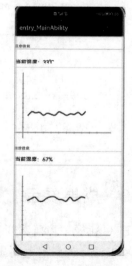

图 10-7　App 页面效果

10.4　元件清单

完成本项目所需的元件及数量如表 10-2 所示。

表 10-2　元件清单

元件/测试仪表	数　　量	元件/测试仪表	数　　量
Hi3861 主板	1 个	环境监测开发板	1 个

项目 11

控制环境光强与灯光

本项目以 Hi3861 开发板作为主机与 BH1750 光照强度传感器通信，实现环境光强检测，数据上传至 OneNET 云平台后在鸿蒙 App 页面展示，并通过鸿蒙 App 控制 Hi3861 开发板远程点亮 LED。

11.1 总体设计

本部分包括系统架构和系统流程。

11.1.1 系统架构

系统架构如图 11-1 所示，Hi3861 开发板与外设引脚连线如表 11-1 所示。

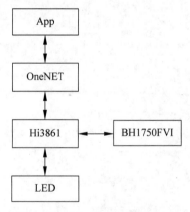

图 11-1 系统架构

表 11-1 Hi3861 开发板与外设引脚连线

Hi3861 开发板	LED	BH1750FVI
GPIO2	+	/
GND	−	GND
GPIO0	/	SCL
GPIO1	/	SDA
USB-5V	/	VCC

11.1.2 系统流程

系统流程如图 11-2 所示。

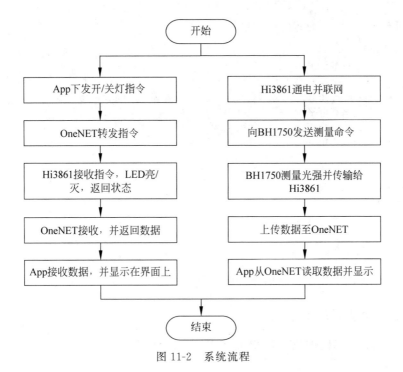

图 11-2 系统流程

11.2 模块介绍

本项目主要由 VSCode 和 DevEco Studio 开发,包括 LED 控制、WiFi 模块、OneNET 云平台、BH750FVI 光强测量、前端模块和配置文件。下面分别给出各模块的功能介绍及相关代码。

11.2.1 LED 控制

根据 OneNET 云平台传送命令对 LED 的开关进行控制,编写在 led_demo.c 中,相关代码如下:

```
#include <unistd.h>
#include "stdio.h"
#include "ohos_init.h"
#include "cmsis_os2.h"
#include "iot_gpio.h"
#define LED_TEST_GPIO 9                      //用于 hispark_pegasus 开发板
void onenet_cmd_rsp_cb(uint8_t * recv_data, size_t recv_size, uint8_t ** resp_data,
size_t * resp_size)
{
    //printf("recv data is %.*s\n", recv_size, recv_data);
    //初始化
    IoTGpioInit(LED_TEST_GPIO);
    //设置为输出
    IoTGpioSetDir(LED_TEST_GPIO, IOT_GPIO_DIR_OUT);
    if (strcmp(recv_data, "101") < 0){
        printf("off\n");
        IoTGpioSetDir(LED_TEST_GPIO, 1);
    }else if (strcmp(recv_data, "101") > 0){
```

```
        printf("on\n");
        while (1)
        {
            //输出低电平
            IoTGpioSetDir(LED_TEST_GPIO, 0);
            usleep(300);
            //输出高电平
            IoTGpioSetDir(LED_TEST_GPIO, 1);
            usleep(300);
        }
    }
    *resp_data = NULL;
    *resp_size = 0;
}
```

11.2.2　WiFi 模块

实现 WiFi 连接相关代码请扫描二维码获取。

11.2.3　OneNET 云平台

本部分包括创建账号、创建产品、添加设备和相关代码。

1. 创建账号

登录网页 https://open.iot.10086.cn/passport/reg/，按要求填写注册信息后进行实名认证。

2. 创建产品

进入 Studio 平台后，在全部产品中选择多协议接入。单击"添加产品"按钮，在弹出页面中按照提示填写基本信息。本项目采用 MQTT 协议接入。

3. 添加设备

单击"创建的产品"按钮，进入详情页面，单击菜单栏中的设备列表，按照提示添加设备。

4. 相关代码

下面给出连接 OneNET 云平台的相关代码。

（1）鸿蒙硬件相关代码。

```
#include "MQTTClient.h"
#include "onenet.h"
#define ONENET_INFO_DEVID "962827756"
#define ONENET_INFO_AUTH "18500648822"
#define ONENET_INFO_APIKEY "R8wfuz4FbItP7jVSvhnMmNzxKQA="
#define ONENET_INFO_PROID "530846"
#define ONENET_MASTER_APIKEY "N81T6e2rY4qwcbwkfgG1OjGUcwg="
extern int rand(void);
void onenet_cmd_rsp_cb(uint8_t *recv_data, size_t recv_size, uint8_t **resp_data,
size_t *resp_size)
{
    printf("recv data is %.*s\n", recv_size, recv_data);
    *resp_data = NULL;
    *resp_size = 0;
}
int onenet_test(void)
{
```

```
        lux=0.0;                              //光强值默认为 0
        device_info_init(ONENET_INFO_DEVID, ONENET_INFO_PROID, ONENET_INFO_AUTH,
    ONENET_INFO_APIKEY, ONENET_MASTER_APIKEY);
        onenet_mqtt_init();
        onenet_set_cmd_rsp_cb(onenet_cmd_rsp_cb);
        while (1)
        {
            if (onenet_mqtt_upload_digit("light", lux) < 0)
            {                                 //通信异常报错
                printf("upload has an error, stop uploading");
                //break;
            }
            else
            {                                 //串口打印上传数据值
                printf("buffer : {\"light(Lux)\":%.02f} \r\n", lux);
            }
            sleep(1);
        }
        return 0;
    }
```

（2）鸿蒙 App 相关代码。首先，定义需要用到的数据，包括需要与前端界面连接的数据以及 OneNET、deviceid 和 APIKey 等相关数据；然后，定义 onstart()函数，开始生命周期，实时刷新数据并定义按钮的监听响应用于进行数据的上传。

根据 OneNET 的 API 调试，定义 doget()和 dopost()函数用于获取及传输数据。获取数据通过 API 调试编写的 JsonBean 类和外部库 Gson 获取键值对用以获取亮度信息。Gson 为 Google 开发的外部库，需要将下载的 Gson 存放在 libs 中，对其进行添加为库操作，在 build.gradle 添加依赖并同步。传送数据方面则不关心返回结果，采用二进制数据形式发送请求。

连接 OneNET 云平台的相关代码请扫描二维码获取。

11.2.4　BH1750 光强测量

实现用 BH1750FVI 测量环境光强的相关代码如下：

```
#define BH1750_SLAVE_ADDR    0x23    //从机地址
#define BH1750_PWR_DOWN      0x00    //关闭模块
#define BH1750_PWR_ON        0x01    //打开模块等待测量指令
#define BH1750_RST           0x07    //重置数据寄存器值在 PowerOn 模式下有效
#define BH1750_CON_H         0x10    //连续高分辨率模式,1lx,120ms
#define BH1750_CON_H2        0x11    //连续高分辨率模式,0.5lx,120ms
#define BH1750_CON_L         0x13    //连续低分辨率模式,4lx,16ms
#define BH1750_ONE_H         0x20    //一次高分辨率模式,1lx,120ms,测量后模块转到
                                     //PowerDown 模式
#define BH1750_ONE_H2        0x21    //一次高分辨率模式,0.5lx,120ms,测量后模块转到
                                     //PowerDown 模式
#define BH1750_ONE_L         0x23    //一次低分辨率模式,4lx,16ms,测量后模块转到
                                     //PowerDown 模式
/**
 @brief I2C 驱动初始化
 @param 无
 @return 无
*/
double lux = 0.0;                    //光强值初始化
void I2C_Init(void)
```

```
{
    //GPIO_0、1初始化
    IoTGpioInit(HI_IO_NAME_GPIO_0);
    IoTGpioInit(HI_IO_NAME_GPIO_1);
    //GPIO_0复用为I2C1_SDA
    hi_io_set_func(HI_IO_NAME_GPIO_0, HI_IO_FUNC_GPIO_0_I2C1_SDA);
    //GPIO_1复用为I2C1_SCL
    hi_io_set_func(HI_IO_NAME_GPIO_1, HI_IO_FUNC_GPIO_1_I2C1_SCL);
    //baudrate: 400kbps
    IoTI2cInit(1, 400000);
}
/**
 @brief I2C写数据函数
 @param slaveAddr -[in]从设备地址
 @param regAddr -[in]寄存器地址
 @param pData -[in]写入数据
 @param dataLen -[in]写入数据长度
 @return 错误码
*/
int I2C_WriteData(uint8_t slaveAddr, uint8_t regAddr, uint8_t *pData, uint16_t
dataLen)
{   //写入数据，从机地址、寄存器地址、写入数据、写入数据长度
    int ret;
    hi_i2c_data i2c_data = {0};//hi_i2c_data结构体初始化I2Cdata
    if(0 != regAddr)
    {   //I2C数据send模块
        i2c_data.send_buf = &regAddr;
        i2c_data.send_len = 1;
        ret = IoTI2cWrite(1, (slaveAddr <<1) | WRITE_BIT, &regAddr, i2c_data.send_
len);                          //写入数据
        if(ret != 0)
        {   //写入异常
            printf("===== Error: I2C write status1 = 0x%x! =====\r\n", ret);
            return 0;
        }
    }
    //I2C数据send模块
    i2c_data.send_buf = pData;
    i2c_data.send_len = dataLen;
    ret = IoTI2cWrite(1, (slaveAddr <<1) | WRITE_BIT, pData, i2c_data.send_len);
    if(ret != 0)
    {
        printf("===== Error: I2C write status1 = 0x%x! =====\r\n", ret);
        return 0;
    }
    return 1;
}
/**
 @brief I2C读数据函数
 @param slaveAddr -[in]从设备地址
 @param regAddr -[in]寄存器地址
 @param pData -[in]读出数据
 @param dataLen -[in]读出数据长度
 @return 错误码
*/
int I2C_ReadData(uint8_t slaveAddr, uint8_t regAddr, uint8_t *pData, uint16_t
dataLen)
{   //数据读取，从机地址、寄存器地址、读取数据、读取数据长度
```

```
    int ret;
    hi_i2c_data i2c_data = {0};
    if(0 != regAddr)
    {   //I2C 数据 send 模块
        i2c_data.send_buf = &regAddr;
        i2c_data.send_len = 1;
        ret = IoTI2cWrite(1, (slaveAddr <<1) | WRITE_BIT, pData, i2c_data.send_len);
        if(ret != 0)
        {
            printf("===== Error: I2C write status = 0x%x! =====\r\n", ret);
            return 0;
        }
    }
    //I2C 数据 receive 模块
    i2c_data.receive_buf = pData;
    i2c_data.receive_len = dataLen;
    ret = IoTI2cRead(1, (slaveAddr <<1) | READ_BIT, pData, i2c_data.receive_len);
    if(ret != 0)
    {   //读取异常
        printf("===== Error: I2C read status = 0x%x! =====\r\n", ret);
        return 0;
    }
    return 1;
}
/**
 @brief BH1750 初始化函数
 @param 无
 @return 无
*/
void BH1750_Init(void)
{
    uint8_t data;
    data = BH1750_PWR_ON;                          //发送启动命令
    I2C_WriteData(BH1750_SLAVE_ADDR, 0, &data, 1);
    data = BH1750_CON_H;                           //设置连续高分辨率模式,11x,120ms
    I2C_WriteData(BH1750_SLAVE_ADDR, 0, &data, 1);
}
/**
 @brief BH1750 获取光强度
 @param 无
 @return 光强度
*/
float BH1750_ReadLightIntensity(void)
{
    uint8_t sensorData[2] = {0};                   //传感器数据初始化
    I2C_ReadData(BH1750_SLAVE_ADDR, 0, sensorData, 2);//从传感器读取数据
    lux = (sensorData[0] <<8 | sensorData[1]) / 1.2;   //传感器数据-光强计算方式
    return lux;
}
static void I2CTask(void)
{
    int cnt = 0;
    I2C_Init();
    BH1750_Init();
    usleep(180000);                                //设置完成后有一段延迟
    while (1)
    {
        printf("test cnt: %d", cnt++);             //第 N 次测量
```

```
        lux = BH1750_ReadLightIntensity();              //光强读取
        printf("sensor val: %.02f [Lux]\n", lux);       //测量值
        usleep(1000000);
    }
}
static void I2CExampleEntry(void)
{
    osThreadAttr_t attr;
    attr.name = "I2CTask";
    attr.attr_bits = 0U;
    attr.cb_mem = NULL;
    attr.cb_size = 0U;
    attr.stack_mem = NULL;
    attr.stack_size = I2C_TASK_STACK_SIZE;
    attr.priority = I2C_TASK_PRIO;
    if (osThreadNew((osThreadFunc_t)I2CTask, NULL, &attr) == NULL)
    {
        printf("Falied to create I2CTask!\n");
    }
}
APP_FEATURE_INIT(I2CExampleEntry);
```

11.2.5　前端模块

采用 XML 编写，实现前端界面，包括亮度显示、亮度过高提醒及控制 LED 的亮灭。在单击开关后，也会出现 LED 的状态提示。

```
<?xml version="1.0" encoding="utf-8"?>
<DependentLayout
    xmlns:ohos="http://schemas.huawei.com/res/ohos"
    ohos:height="match_parent"
    ohos:width="match_parent"
    ohos:orientation="vertical">
    <
Text
        ohos:id="$+id:text_title"
        ohos:height="match_content"
        ohos:width="match_parent"
        ohos:text_alignment="center"
        ohos:top_margin="100vp"
        ohos:text="当前亮度"
        ohos:text_size="40vp"
        />
    <Text
        ohos:id="$+id:text_brightness"
        ohos:below="$id:text_title"
        ohos:height="match_content"
        ohos:width="match_parent"
        ohos:text_alignment="center"
        ohos:top_margin="20vp"
        ohos:text="1"
        ohos:text_size="30vp"
        />
    <
Text
        ohos:id="$+id:text_warning"
        ohos:below="$id:text_brightness"
```

```
        ohos:height="match_content"
        ohos:width="match_parent"
        ohos:text_alignment="center"
        ohos:top_margin="20vp"
        ohos:text="亮度过高!!!"
        ohos:text_color="# B9FD4A03"
        ohos:text_size="30vp"
        />
    <
Button
        ohos:id="$+id:button_on"
        ohos:height="50vp"
        ohos:width="150vp"
        ohos:below="$id:text_warning"
        ohos:align_parent_left="true"
        ohos:text="开"
        ohos:background_element="$graphic:background_button"
        ohos:top_margin="20vp"
        ohos:text_size="30vp"
        />
    <
Button
        ohos:id="$+id:button_off"
        ohos:height="50vp"
        ohos:width="150vp"
        ohos:below="$id:text_warning"
        ohos:align_parent_right="true"
        ohos:text="关"
        ohos:background_element="$graphic:background_button"
        ohos:top_margin="20vp"
        ohos:text_size="30vp"
        />
</DependentLayout>
```

11.2.6 配置文件

硬件端 build. gn 文件代码如下：

```
static_library("led_demo1") {
    sources = [
        "onenet_entry.c",
        "led_demo.c"
    ]
    include_dirs = [
        "//utils/native/lite/include",
        "//kernel/liteos_m/components/cmsis/2.0",
        "//base/iot_hardware/peripheral/interfaces/kits",
        "//device/soc/hisilicon/hi3861v100/hi3861_adapter/hals/communication/
wifi_lite/wifiservice",
        "//device/soc/hisilicon/hi3861v100/hi3861_adapter/kal",
        "//device/soc/hisilicon/hi3861v100/sdk_liteos/third_party/lwip_sack/
include",
        "//third_party/pahomqtt/MQTTPacket/src",
        "//third_party/pahomqtt/MQTTClient-C/src",
        "//third_party/pahomqtt/MQTTClient-C/src/liteOS",
        "//third_party/onenet",
    ]
    deps = [
```

```
        "//third_party/pahomqtt:pahomqtt_static",
        "//third_party/onenet:onenet_static",
    ]
}
```

软件端 config.json 文件代码如下：

```
{
  "app": {
    "bundleName": "com.example.hi3861",
    "vendor": "example",
    "version": {
      "code": 1000000
,
      "name": "1.0.0"
    }
  },
  "deviceConfig": {
    "default": {
      "network": {
        "cleartextTraffic": true
      }
    }
  },
  "module": {
    "package": "com.example.hi3861",
    "name": ".MyApplication",
    "mainAbility": "com.example.hi3861.MainAbility",
    "deviceType": [
      "phone",
      "wearable"
    ],
    "reqPermissions": [
      {
        "name": "ohos.permission.INTERNET"
      },
      {
        "name": "ohos.permission.SET_NETWORK_INFO"
      },
      {
        "name": "ohos.permission.GET_NETWORK_INFO"
      }
    ],
    "distro": {
      "deliveryWithInstall": true,
      "moduleName": "entry",
      "moduleType": "entry",
      "installationFree": false
    },
    "abilities": [
      {
        "skills": [
          {
            "entities": [
              "entity.system.home"
            ],
            "actions": [
              "action.system.home"
            ]
```

```
        }
      ],
      "orientation": "unspecified",
      "visible": true,
      "name": "com.example.hi3861.MainAbility",
      "icon": "$media:icon",
      "description": "$string:mainability_description",
      "label": "$string:entry_MainAbility",
      "type": "page",
      "launchType": "standard"
    }
  ],
  "metaData": {
    "customizeData": [
      {
        "name": "hwc-theme",
        "value": "androidhwext:style/Theme.Emui.NoTitleBar"
      }
    ]
  }
 }
}
```

11.3 成果展示

Hi3861 开发板和 BH1750FVI 的连接如图 11-3 所示,串口监视器效果如图 11-4 所示,鸿蒙 App 的实现效果如图 11-5 所示。

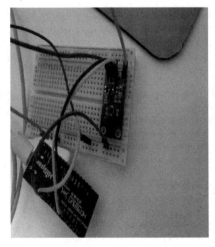

图 11-3 Hi3861 开发板和 BH1750FVI
连接图

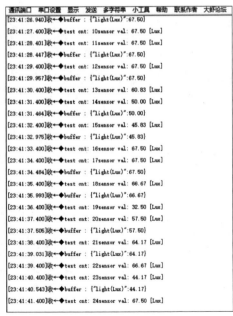

图 11-4 串口监视器效果

图 11-5 App 页面
效果

11.4 元件清单

完成本项目所需的元件及数量如表 11-2 所示。

表 11-2　元件清单

元件/测试仪表	数　量	元件/测试仪表	数　量
面包板	1个	BH1750FVI	1个
Hi3861	1个	Type-C 数据线	1根
杜邦线	6根		

远程发射莫尔斯电码

本项目通过鸿蒙 App 输入字母并控制 Hi3861 开发板的 LED,将字符转换为莫尔斯电码形式进行闪烁显示。

12.1 总体设计

本部分包括系统架构和系统流程。

12.1.1 系统架构

系统架构如图 12-1 所示,Hi3861 开发板与外设引脚连线如表 12-1 所示。

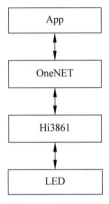

图 12-1　系统架构

表 12-1　Hi3861 开发板与外设引脚连线

Hi3861 开发板	LED	Hi3861 开发板	LED
GPIO2	+	GND	—

12.1.2 系统流程

系统流程如图 12-2 所示。

图 12-2　系统流程

12.2　模块介绍

本项目由 DevEco Studio 开发，包括 LED 控制、WiFi 模块、OneNET 云平台和前端模块。下面分别给出各模块的功能介绍及相关代码。

12.2.1　LED 控制

实现 LED 开关控制的相关代码如下：

```c
#include <unistd.h>
#include "stdio.h"
#include "ohos_init.h"
#include "cmsis_os2.h"
#include "iot_gpio.h"
#define LED_TEST_GPIO 9
void *LedTask(int i)                                    //根据输入控制 LED 亮灭
{
  //初始化 GPIO
  IoTGpioInit(LED_TEST_GPIO);
  //设置为输出
  IoTGpioSetDir(LED_TEST_GPIO, IOT_GPIO_DIR_OUT);
   IoTGpioSetDir(LED_TEST_GPIO, i);
   return NULL;
```

```
}
void led_on(int i)
{
  osThreadAttr_t attr;
  attr.name = "LedTask";
  attr.attr_bits = 0U;
  attr.cb_mem = NULL;
  attr.cb_size = 0U;
  attr.stack_mem = NULL;
  attr.stack_size = 512;
  attr.priority = 26;
  printf("LED is working!\n");
if (osThreadNew((osThreadFunc_t)LedTask, i, &attr) == NULL) {
    printf("[LedExample] Falied to create LedTask!\n");
  }
}
```

12.2.2　WiFi 模块

实现 WiFi 连接相关代码请扫描二维码获取。

12.2.3　OneNET 云平台

本部分包括创建账号、创建产品、添加设备和相关代码。

1. 创建账号

登录网页：https://open.iot.10086.cn/passport/reg/，按要求填写注册信息后进行实名认证。

2. 创建产品

进入 Studio 平台后，在全部产品服务中选择多协议接入。单击"添加产品"按钮，在弹出页面中按照提示填写产品信息。本项目采用 MQTT 协议接入，如图 12-3 所示。

3. 添加设备

单击"设备管理"，选择"添加设备"，按照提示填写相关信息，如图 12-4 所示。

4. 相关代码

下面给出连接 OneNET 云平台的相关代码。

（1）命令与测试。

```
#include <stdio.h>
#include <unistd.h>
#include "MQTTClient.h"
#include "onenet.h"
#include "ohos_init.h"
#include "cmsis_os2.h"
#include "iot_gpio.h"
#define ONENET_INFO_DEVID "953740639"
#define ONENET_INFO_AUTH "123456"
#define ONENET_INFO_APIKEY "Ft=KI=n=I5Jap4uis2laq9eA=9s="
#define ONENET_INFO_PROID "524430"
#define ONENET_MASTER_APIKEY "zg=bYs3PhsXe91QMUSM0YC5VIiM="
extern int rand(void);
void onenet_cmd_rsp_cb(uint8_t * recv_data, size_t recv_size, uint8_t **resp_data,
size_t *resp_size)
```

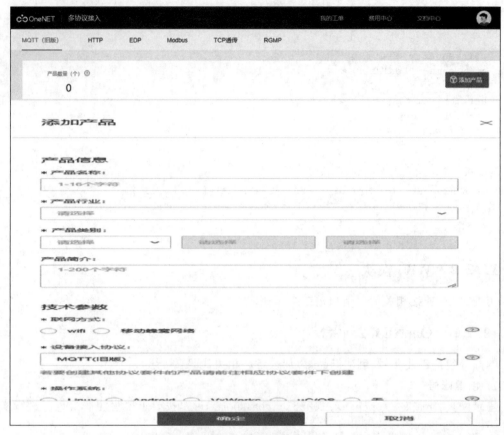

图 12-3　创建产品

图 12-4　添加设备

```
{
    printf("recv data is %.*s\n", recv_size, recv_data);
//当收到的值为 100 时,将 LED 熄灭;收到的值为 102 时,将 LED 点亮
    if(strcmp(recv_data,"101")<0){
    printf("off\n");
```

```
    led_on(0);
    }
    else if (strcmp(recv_data,"101") > 0) {
    printf("on\n");
    led_on(1);
    }
    *resp_data = NULL;
    *resp_size = 0;
}
int onenet_test(void)
{
    device_info_init(ONENET_INFO_DEVID, ONENET_INFO_PROID, ONENET_INFO_AUTH,
ONENET_INFO_APIKEY, ONENET_MASTER_APIKEY);
    onenet_mqtt_init();                                    //MQTT 初始化
    onenet_set_cmd_rsp_cb(onenet_cmd_rsp_cb);
    return 0;
}
```

（2）鸿蒙 App 发送请求。

```
public static String post(String url, String json) throws IOException {
    OkHttpClient okHttpClient = new OkHttpClient();
    RequestBody body= RequestBody.create(JSON, json); //以 JSON 格式上传
    Request request = new Request.Builder()           //请求创建
            .url(url)
            .header("api-key", "Ft=KI=n=I5Jap4uis2laq9eA=9s=")//设备的 API-key
            .addHeader("Content-Type", "application/json")
            .post(body)
            .build();
    Response response = okHttpClient.newCall(request).execute(); //创建请求呼叫
    //如果上传成功,则输出返回值,否则抛出异常
    if (response.isSuccessful()) {
        return response.body().string();
    } else {
        throw new IOException("Unexpected code " + response);
    }
}
```

（3）远程控制 LED。

```
//LED 开关控制
public void led_ctl(Boolean state) {
    System.out.println("----->>>>state:" + state);
    if (state) {
        new Thread(() ->{
            String object = "102";
            try {
                //开命令上传
                response_data = post(cloud_url, object);
                System.out.println("----->>>>response:" + response_data);
                System.out.println("----->>>>error:" + response_data.substring
(response_data.indexOf("error") + 8, response_data.indexOf("error") + 12));
                //判断当前设备是否在线
if(!response_data.substring(response_data.indexOf("error") + 8, response_data.
indexOf("error") + 12).equals("succ")) {
                    System.out.println("----->>>>try to stop");
                    online = false;
```

```
                } else {
                    online = true;
                }
            } catch (IOException ex) {
                ex.printStackTrace();
            }
        }).start();
    } else if (!state) {
        new Thread(() ->{
            ZSONObject control_command = new ZSONObject();
            String object = "100";
            try {
                response_data = post(cloud_url, object);
                System.out.println("----->>>>response:" + response_data);
if(!response_data.substring(response_data.indexOf("error") + 8, response_data.
indexOf("error") + 12).equals("succ")) {
                    System.out.println("----->>>>try to stop");
                    online = false;
                } else {
                    online = true;
                }
            } catch (IOException e) {
                e.printStackTrace();
            }
        }).start();
    }
}
```

（4）实现空格、间隔、长灯和短灯。

```
//输入字符中存在空格时调用
public void endAword() {
    System.out.println("这里有一个空格");
    led_ctl(false);
    //延时操作
    try {
        Thread.sleep(500 * 7);
    } catch (Exception e) {
        System.out.println("0");
    }
}
//每个字母结束时调用
public void endAletter() {
    led_ctl(false);
    try {
        Thread.sleep(500 * 3);
    } catch (Exception e) {
        System.out.println("0");
    }
}
//长灯实现
public void led_long() {
    led_ctl(true);
    try {
        Thread.sleep(500* 3);
    } catch (Exception e) {
```

```
            System.out.println("Long Lighting");
        }
        led_ctl(false);
        try {
            Thread.sleep(500);
        } catch (Exception e) {
            System.out.println("0");
        }
    }
    //短灯实现
    public void led_short() {
        led_ctl(true);
        try {
            Thread.sleep(500);
        } catch (Exception e) {
            System.out.println("Short Lighting");
        }
        led_ctl(false);
        try {
            Thread.sleep(500);
        } catch (Exception e) {
            System.out.println("0");
        }
    }
}
```

12.2.4　前端模块

本部分包括单击事件和弹窗提示。

（1）单击事件。

```
//按钮状态变化监听部分，当单击按钮时触发
    switchBtn.setCheckedStateChangedListener((sbtn, state) ->{
        Input = respondata.getText();
        System.out.println("----->>>>state:" + state);
        System.out.println("----->>>>word:" + Input);
        //当开启时触发
        if (state) {
            strToled(Input);
            System.out.println("----->>>>OVER");
        } else if (!state) {                          //当关闭时触发
            new Thread(() ->{
                respondata.setText(' ');
                String object = "100";
                try {
                    //上传数据
                    response_data = post(cloud_url, object);
                    System.out.println("----->>>>state:" + response_data);
                    //判断当前设备是否在线
    if (!response_data.substring(response_data.indexOf("error") + 8, response_
data.indexOf("error") + 12).equals("succ")) {
                        System.out.println("----->>>>try to stop");
                        online = false;
                    } else {
```

```
                        online = true;
                    }
                } catch (IOException e) {
                    e.printStackTrace();
                }
            }).start();
        }
        //如果设备不在线,则按钮不会开启
        if (!online) {
            switchBtn.setChecked(false);
        }
    });
```

（2）设备未在线时弹窗提示。

```
public void toast(Boolean oli) {
    if(!oli) {
        getUITaskDispatcher().asyncDispatch(()->{
            new ToastDialog(this)
                .setText("目标当前不在线,请稍后再试")
                .show();
        });
    }
}
```

12.3　成果展示

Hi3861 开发板实现效果如图 12-5 所示,串口监视器效果如图 12-6 所示,控制台返回值如图 12-7 所示,鸿蒙 App 的实现效果如图 12-8 所示。

图 12-5　Hi3861 开发板实现效果

图 12-6　串口监视器效果

12.4　元件清单

完成本项目所需的元件及数量如表 12-2 所示。

```
    ----->>>>error:succ
I/System.out: ----->>>>state:false
I/System.out: ----->>>>response:{"errno":0,"data":{"cmd_uuid":"cc0c585c-daa8-5451-b46f-754588dcf8ce"},"error":"succ"}
I/System.out: ----->>>>state:true
I/System.out: ----->>>>response:{"errno":0,"data":{"cmd_uuid":"28fe45de-cb5c-553c-ac54-e7a167366461"},"error":"succ"}
I/System.out: ----->>>>error:succ
I/System.out: ----->>>>state:false
I/System.out: ----->>>>response:{"errno":0,"data":{"cmd_uuid":"51a16c67-50f1-5394-b862-9cc24a8daed7"},"error":"succ"}
I/System.out: ----->>>>state:true
I/System.out: ----->>>>response:{"errno":0,"data":{"cmd_uuid":"b6589b3d-6540-5789-94ff-28a9e7b85048"},"error":"succ"}
```

图 12-7　控制台返回值

图 12-8　App 页面效果

表 12-2　元件清单

元件/测试仪表	数　　量	元件/测试仪表	数　　量
面包板	1 个	杜邦线	若干
Hi3861	1 个		

项目 13

智能电子琴

本项目通过鸿蒙 App 控制 Hi3861 开发板,实现蜂鸣器的鸣响频率并进行远程控制电子琴。

项目 13
13.1 总体设计

本部分包括系统架构和系统流程。

13.1.1 系统架构

系统架构如图 13-1 所示,Hi3861 开发板与外设引脚连线如表 13-1 所示。

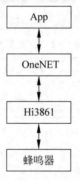

图 13-1 系统架构

表 13-1 Hi3861 开发板与外设引脚连线

Hi3861 开发板	蜂鸣器	Hi3861 开发板	蜂鸣器
GPIO12	+	GND	−

13.1.2 系统流程

系统流程如图 13-2 所示。

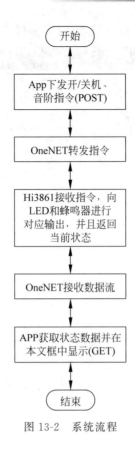

图 13-2　系统流程

13.2　模块介绍

本项目由 VSCode 和 DevEco Studio 开发,包括蜂鸣器和 LED、WiFi 模块、OneNET 云平台及前端模块。下面分别给出各模块的功能介绍及相关代码。

13.2.1　蜂鸣器和 LED

根据 OneNET 云平台命令控制蜂鸣器的鸣响频率和 LED 的亮灭,并将状态信息上传,相关代码请扫描二维码获取。

13.2.2　WiFi 模块

实现 WiFi 连接相关代码请扫描二维码获取。

13.2.3　OneNET 云平台

本部分包括创建账号、创建产品、添加设备和相关代码。

1. 创建账号

登录网页 https://open.iot.10086.cn/passport/reg/,按要求填写注册信息后进行实名认证。

2. 创建产品

进入 Studio 平台后,在全部产品服务中选择多协议接入。单击"添加产品"按钮,在弹出页面中，按照提示填写产品信息。本项目采用 MQTT 协议接入，如图 13-3 所示。

图 13-3　创建产品

3. 添加设备

单击"创建的产品"按钮，进入详情页面，单击菜单栏中的设备列表，按照提示添加设备。

4. 相关代码

下面给出连接 OneNET 云平台的相关代码。

（1）VSCode 相关代码。

```c
#include "MQTTClient.h"
#include "onenet.h"
#define ONENET_INFO_DEVID "949905401"
#define ONENET_INFO_AUTH "Hi3861"
#define ONENET_INFO_APIKEY "kpkRI8sW5DlTa2B74D=b4QIjj54="
#define ONENET_INFO_PROID "521896"
#define ONENET_MASTER_APIKEY "tlCgVoJkAkfGFXh6qlXrYe2UU7A="
int onenet_mqtt_init(void)
{
    int result = 0;
    if (init_ok)
    {
        return 0;
    }
    if (onenet_get_info() < 0)
    {
```

```
        result = -1;
        goto __exit;
    }
    onenet_mqtt.onenet_info = &onenet_info;
    onenet_mqtt.cmd_rsp_cb = NULL;
    if (onenet_mqtt_entry() < 0)
    {
        result = -2;
        goto __exit;
    }
__exit:
    if (!result)
    {
     init_ok = 0;
    }
    else
    {
    }
    return result;
}
```

（2）鸿蒙 App 相关代码。

```
private String device_ID="949905401";
private String api_key="kpkRI8sW5DlTa2B74D=b4QIjj54=";
String getUrl = "http://api.heclouds.com/devices/" + device_ID + "/datastreams/on_
off";
String postUrl = "http://api.heclouds.com/cmds?device_id=" + device_ID;
//解析 Json 的类
public static class JsonBean{
    public int errno;
    public Data data;
    public String error;
    static class Data{
        public String update_at;
        public String id;
        public int current_value;
        public String getUpdate_at() {
            return update_at;
        }
        public String getId() {
            return id;
        }
        public int getCurrent_value() {
            return current_value;
        }
    }
    public int getErrno() {
        return errno;
    }
    public Data getData() {
        return data;
    }
    public String getError() {
        return error;
    }
```

```
    }
    //POST
    public void doPost(String url, String data, int reqCode) {
        HttpURLConnection postConnection = null;
        URL postUrl;
        try {
            postUrl = new URL(url);
            postConnection = (HttpURLConnection) postUrl.openConnection();
            postConnection.setConnectTimeout(40000
);
            postConnection.setReadTimeout(30000
);
            postConnection.setRequestMethod("POST");
            //发送 POST 请求必须设置为 true
            postConnection.setDoOutput(true);
            postConnection.setDoInput(true);
            //设置二进制格式的数据
             postConnection.setRequestProperty("Content-Type", "application/octet-
stream");
            postConnection.setRequestProperty("api-key", api_key);
            DataOutputStream    dos   =   new   DataOutputStream ( postConnection.
getOutputStream());
            dos.write(data.getBytes(StandardCharsets.UTF_8));
            //flush 输出流的缓冲
            dos.flush();
            //定义 BufferReader 输入流来读取 URL 的响应
            BufferedReader    in   =   new   BufferedReader ( new   InputStreamReader
(postConnection.getInputStream()));
            String line;
            String result = "";
            while ((line = in.readLine()) != null) {
                result += line;
            }
            //线程投递
            myEventHandler.sendEvent(InnerEvent.get(reqCode));
        }
     catch (Exception e) {
            e.printStackTrace();
        }
    }
    //Get
    public void doGet(String url) {
        NetManager manager = NetManager.getInstance(this);
        if(!manager.hasDefaultNet()){
            return;
        }
        //实现网络操作功能
        NetHandle netHandler = manager.getDefaultNet();
        manager.addDefaultNetStatusCallback(new NetStatusCallback(){
            //网络正常
            @Override
            public void onAvailable(NetHandle handle) {
                super.onAvailable(handle);
                HiLog.info(LABEL,"网络状况正常");
            }
```

```
//网络阻塞
@Override
public void onBlockedStatusChanged(NetHandle handle, boolean blocked) {
    super.onBlockedStatusChanged(handle, blocked);
    HiLog.info(LABEL,"网络状况阻塞");
}
});
HttpURLConnection httpURLConnection = null;
InputStream in = null;
BufferedReader br = null;
String result = null;                                    //返回结果字符串
try {
    //创建远程 URL 连接对象
    URL url1 = new URL(url);
    //通过远程 UEL 连接对象打开一个连接,强转成 httpURLConnection 类
    httpURLConnection = (HttpURLConnection) url1.openConnection();
    //设置连接方式:GET
    httpURLConnection.setRequestMethod("GET");
    //设置连接主机服务器的超时时间:15000ms
    httpURLConnection.setConnectTimeout(15000);
    //设置读取远程返回的数据时间:60000ms
    httpURLConnection.setReadTimeout(60000);
    //设置格式
    //httpURLConnection.setRequestProperty("Content-type", "application/
json");
    //设置鉴权信息:Authorization: Bearer da3efcbf-0845-4fe3-8aba-ee040be542c0
OneNet 平台使用的是 Authorization+ token
    httpURLConnection.setRequestProperty("api-key", api_key);
    //发送请求
    httpURLConnection.connect();
    //通过 connection 连接,获取输入流
    if (httpURLConnection.getResponseCode() == 200) {
        in = httpURLConnection.getInputStream();
        //封装输入流 is,并指定字符集
        br = new BufferedReader(new InputStreamReader(in, "UTF-8"));
        //存放数据
        StringBuffer sbf = new StringBuffer();
        String temp = null;
        while ((temp = br.readLine()) != null) {
            sbf.append(temp);
            sbf.append("\r\n");
        }
        result = sbf.toString();
        System.out.println("response=" + result);
        try{
            //处理 Json 数据
            //利用上面定义的 JsonBean 类,取得对应的 key-value
            JsonBean jsonBean = new Gson().fromJson(result, JsonBean.class);
            //线程投递
            myEventHandler.sendEvent(InnerEvent.get(1002, jsonBean));
        }catch(JsonIOException e){
            e.printStackTrace();
        }catch (NullPointerException e){
            e.printStackTrace();
        }
```

```
        }
    } catch (UnsupportedEncodingException unsupportedEncodingException) {
        unsupportedEncodingException.printStackTrace();
    } catch (ProtocolException protocolException) {
        protocolException.printStackTrace();
    } catch (MalformedURLException malformedURLException) {
        malformedURLException.printStackTrace();
    } catch (IOException ioException) {
        ioException.printStackTrace();
    } finally {
        //关闭资源
        if (null != br) {
            try {
                br.close();
            } catch (IOException e) {
                e.printStackTrace();
            }
        }
        if (null != in) {
            try {
                in.close();
            }
    catch (IOException e) {
                e.printStackTrace();
            }
        }
        httpURLConnection.disconnect();                    //关闭远程连接
    }
    return;
}
```

13.2.4　前端模块

本部分包括单击事件和返回数据，相关代码请扫描二维码获取。

13.3　成果展示

Hi3861 开发板实现效果如图 13-4 所示，串口监视器效果如图 13-5 所示，鸿蒙 App 的实现效果如图 13-6 所示。

图 13-4　Hi3861 开发板实现效果

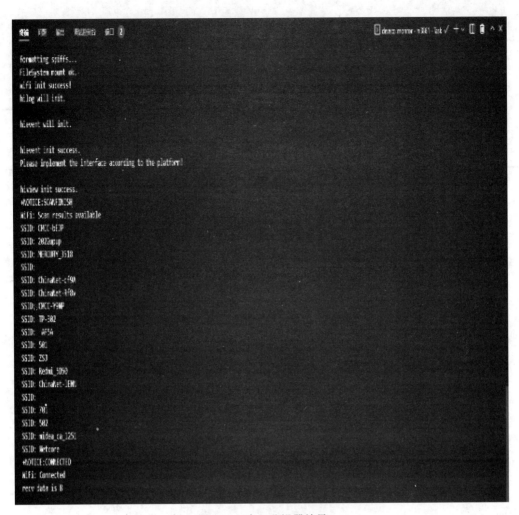

图 13-5 串口监视器效果

图 13-6 App 页面效果

13.4　元件清单

完成本项目所需的元件及数量如表 13-2 所示。

表 13-2　元件清单

元件/测试仪表	数　量	元件/测试仪表	数　量
面包板	1 个	无源蜂鸣器	1 个
Hi3861	1 个		

项目 14

呼 吸 灯

本项目通过鸿蒙 App 控制 Hi3861 开发板,实现 LED 自动循环点亮及使用 OLED 显示屏进行动画播放的功能。

14.1 总体设计

本部分包括系统架构和系统流程。

14.1.1 系统架构

系统架构如图 14-1 所示,Hi3861 开发板与外设引脚连线如表 14-1 所示。

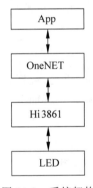

图 14-1 系统架构

表 14-1 Hi3861 开发板与外设引脚连线

Hi3861 开发板	调节亮度 LED	呼吸灯 LED	OLED 显示屏
GPIO10	+	/	/
GPIO12	+	/	/
GPIO9	/	+	/
GPIO13	/	/	SDA
GPIO14	/	/	SCL
3V3	/	/	VCC
GND	—	—	—

14.1.2 系统流程

系统流程如图 14-2 所示。

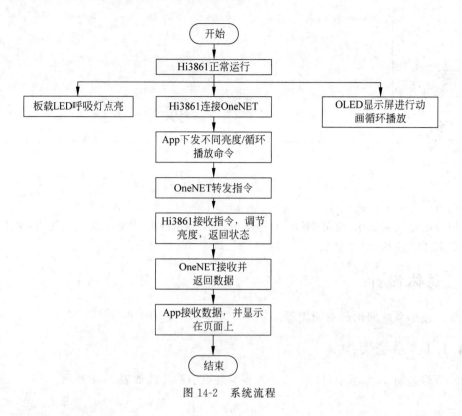

图 14-2　系统流程

14.2　模块介绍

本项目由 VSCode 和 DevEco Studio 开发，包括板载 LED 流水灯、OLED 显示屏动画播放、WiFi 模块、OneNET 云平台和前端模块。下面分别给出各模块的功能介绍及相关代码。

14.2.1　板载 LED 流水灯

实现板载 LED，使其具有流水灯效果，相关代码如下：

```
#include <unistd.h>
#include "stdio.h"
#include "ohos_init.h"
#include "cmsis_os2.h"
#include "iot_gpio.h"
#include "hi_io.h"
#include "iot_pwm.h"
#include "hi_pwm.h"
#include "hi_time.h"
static void GpioTask(void *arg)
{
    (void) arg;
    hi_gpio_init();
    hi_io_set_func(HI_IO_NAME_GPIO_9,HI_IO_FUNC_GPIO_9_PWM0_OUT);
    //将 GPIO9 复用为 PWM0 端口
    hi_pwm_init(HI_PWM_PORT_PWM0);                    //初始化 PWM 端口
    hi_pwm_set_clock(PWM_CLK_160M);                   //设置时钟源为 160MHz
    while(1)
    {
```

```
    IotGpioValue val=IOT_GPIO_VALUE0;
    IoTGpioGetOutputVal(HI_IO_NAME_GPIO_9,&val);//获取 GPIO 引脚的输出电平值
      for(int i=10;i<200;i++)                    //通过循环函数实现亮度逐渐增加
      {
        hi_pwm_start(HI_PWM_PORT_PWM0,i,200);
        osDelay(1);
      }
      for(int i=200;i>10;i--)                    //通过循环函数实现亮度逐渐减少
      {
        hi_pwm_start(HI_PWM_PORT_PWM0,i,200);
        osDelay(1);
      }
    }
}
static void GpioEntry(void)
{
    osThreadAttr_t attr={0};
    attr.name="GpioTask";
    attr.stack_size=4096;
    attr.priority=osPriorityNormal;
    if(osThreadNew(GpioTask,NULL,&attr)==NULL)
    {
        printf("[GpioEntry] create GpioTask failed!\n");
    }
}
SYS_RUN(GpioEntry);
```

14.2.2　OLED 显示屏动画播放

本部分包括 OLED 初始化和功能实现。

(1) 初始化 OLED 以及开发人员的名字显示,相关代码如下:

```
void Ssd1306TestTask(void *arg)
{
    (void) arg;
    IoTGpioInit(HI_IO_NAME_GPIO_13);               //初始化 GPIO13 接口
    IoTGpioInit(HI_IO_NAME_GPIO_14);               //初始化 GPIO14 接口
    hi_io_set_func(HI_IO_NAME_GPIO_13, HI_IO_FUNC_GPIO_13_I2C0_SDA); //初始化 SDA 接口
    hi_io_set_func(HI_IO_NAME_GPIO_14, HI_IO_FUNC_GPIO_14_I2C0_SCL); //初始化 SCL 接口
    IoTI2cInit(0, OLED_I2C_BAUDRATE);
    //WatchDogDisable();
    usleep(20* 1000);
    ssd1306_Init();                                //初始化 ssd 模块
    ssd1306_Fill(Black);
    ssd1306_SetCursor(0, 0);
    ssd1306_DrawString("Hello HarmonyOS!", Font_7x10, White);
    uint32_t start = HAL_GetTick();                //如果单击 RESET 按钮
    ssd1306_UpdateScreen();                        //屏幕刷新
    uint32_t end = HAL_GetTick();
    printf("ssd1306_UpdateScreen time cost: %d ms.\r\n", end -start);
    TestDrawChinese1();                            //写第一个名字
    TestDrawChinese2();                            //写第二个名字
    while (1) {
        ssd1306_TestAll();
        usleep(10000);
```

```c
        }
    }
    /**利用字模网的工具制作坐标
     *汉字字模在线：https://www.23bei.com/tool-223.html
     *数据排列：从左到右，从上到下
     *取模方式：横向 8 位，左高位
     **/
    void TestDrawChinese1(void)
    {
        const uint32_t W = 16, H = 16;                    //设置字体大小
        uint8_t fonts[][32] = {
    {0x01,0x00,0x00,0x88,0x3F,0xFC,0x20,0x08,0x3F,0xF8,0x20,0x00,0x2F,0xF0,0x28,0x10,
    0x2F,0xF0,0x20,0x00,0x2F,0xF8,0x28,0x88,0x4F,0xF8,0x48,0x02,0x88,0x02,0x07,0xFE,
            },{0x10,0x00,0x10,0x00,0x10,0x08,0x1F,0xFC,0x10,0x00,0x10,0x00,0x10,0x08,
    0x1F,0xFC,
    0x00,0x08,0x00,0x08,0x00,0x48,0xFF,0xE8,0x00,0x08,0x00,0x08,0x00,0x50,0x00,0x20,
            },{0x21,0x10,0x11,0x10,0x07,0xFC,0xF9,0x10,0x09,0x10,0x11,0xF0,0x11,0x10,
    0x39,0x10,
    0x55,0xF0,0x91,0x10,0x11,0x14,0x1F,0xFE,0x10,0x00,0x11,0x10,0x12,0x0C,0x14,0x04,
            },{0x00,0x00,0x00,0x00,0x00,0x00,0x00,0x00,0x00,0x00,0x00,0x00,0x00,
    0x00,0x00,
    0x0C,0x00,0x1E,0x00,0x1E,0x00,0x0C,0x00,0x04,0x00,0x08,0x00,0x10,0x00,0x00,0x00
            }
        };
        ssd1306_Fill(Black);
        for (size_t i = 0; i < sizeof(fonts)/sizeof(fonts[0]); i++) {
            ssd1306_DrawRegion(i *W, 0, W, H, fonts[i], sizeof(fonts[0]), W);
        }
        ssd1306_UpdateScreen();
        sleep(1);
    }
    void TestDrawChinese2(void)
    {
        const uint32_t W = 16, H = 16;
        int8_t fonts[][32] = {
            {/*-- ID:0,字符:"你",ASCII 编码:C4E3,对应字:宽 x 高=16x16,画布:宽 W=16 高 H=16,
    共 32 字节*/
    0x09,0x00,0xFD,0x08,0x09,0x08,0x09,0x10,0x09,0x20,0x79,0x40,0x41,0x04,0x47,0xFE,
    0x41,0x40,0x79,0x40,0x09,0x20,0x09,0x20,0x09,0x10,0x09,0x4E,0x51,0x84,0x21,0x00,
            },{ /*-- ID:1,字符:"好",ASCII 编码:BAC3,对应字:宽 x 高=16x16,画布:宽 W=16 高 H=
    16,共 32 字节*/
    0x02,0x00,0x43,0xE0,0x24,0x20,0x28,0x48,0x1F,0xFC,0x08,0x88,0xE8,0x88,0x2F,0xF8,
    0x20,0x80,0x21,0x40,0x21,0x54,0x22,0x44,0x24,0x3C,0x58,0x00,0x88,0x06,0x07,0xFC,
            },{/*-- ID:2,字符:"鸿",ASCII 编码:BAE8,对应字:宽 x 高=16x16,画布:宽 W=16 高 H=
    16,共 32 字节*/
    0x00,0x20,0xFF,0xF0,0x00,0x20,0x00,0x24,0x00,0x2C,0x00,0x30,0x00,0x20,0x00,0x30,
    0x00,0x2C,0x00,0x24,0x00,0x20,0x00,0x20,0x00,0x10,0x00,0x12,0x00,0x0A,0x00,0x04,
            },{
                /*-- ID:3,字符:"蒙",ASCII 编码:C3C9,对应字:宽 x 高=16x16,画布:宽 W=16 高 H=
    16,共 32 字节*/
    0x00,0x00,0x01,0x80,0x03,0xC0,0x03,0xC0,0x03,0xC0,0x03,0xC0,0x03,0xC0,0x01,0x80,
    0x01,0x80,0x01,0x80,0x00,0x00,0x01,0x80,0x03,0xC0,0x01,0x80,0x00,0x00,0x00,0x00
            }
        };
        ssd1306_Fill(Black);
```

```
    for (size_t i = 0; i < sizeof(fonts)/sizeof(fonts[0]); i++) {
        ssd1306_DrawRegion(i *W, 0, W, H, fonts[i], sizeof(fonts[0]), W);
    }
    ssd1306_UpdateScreen();
    sleep(1);
}
void Ssd1306TestDemo(void)
{
    osThreadAttr_t attr;
    attr.name = "Ssd1306Task";
    attr.attr_bits = 0U;
    attr.cb_mem = NULL;
    attr.cb_size = 0U;
    attr.stack_mem = NULL;
    attr.stack_size = 10240;
    attr.priority = osPriorityNormal;
    if (osThreadNew(Ssd1306TestTask, NULL, &attr) == NULL) {
        printf("[Ssd1306TestDemo] Falied to create Ssd1306TestTask!\n");
    }
}
APP_FEATURE_INIT(Ssd1306TestDemo);
```

(2) 实现马的图案绘制、移动文字、动点及制作者英文名字的展示。

```
void ssd1306_TestBitmap(void) {
  ssd1306_Fill(Black);                           //将背景设为黑色
  ssd1306_DrawBitmap(bitmap, sizeof(bitmap));    //将点阵图传入函数中，投射到屏幕上
  ssd1306_UpdateScreen();
}
void ssd1306_TestFPS() {
    ssd1306_Fill(White);
    uint32_t start = HAL_GetTick();
    uint32_t end = start;
    int fps = 0;
    char message[] = "OpenHarmony ";
    ssd1306_SetCursor(2,0);                       //设置光标位置
    ssd1306_DrawString("Coming...", Font_11x18, Black);
    do {//移动文字"OpenHarmony"
        ssd1306_SetCursor(2, 18);
        ssd1306_DrawString(message, Font_11x18, Black);
        ssd1306_UpdateScreen();
        char ch = message[0];
        memmove(message, message+ 1, sizeof(message) -2); //复制文字
        message[sizeof(message) -2] = ch;                 //不断更新文字
        fps++;
        end = HAL_GetTick();
    } while((end -start) < 5000);
    HAL_Delay(1000);
    char buff[64];
    fps = (float)fps / ((end -start) / 1000.0);
    snprintf(buff, sizeof(buff), "~%d FPS", fps);
    ssd1306_Fill(White);
    ssd1306_SetCursor(2, 18);
    ssd1306_DrawString(buff, Font_11x18, Black);
    ssd1306_UpdateScreen();
}
```

```
void ssd1306_TestBorder() {
    ssd1306_Fill(Black);
    uint32_t start = HAL_GetTick();
    uint32_t end = start;
    uint8_t x = 0;
    uint8_t y = 0;
    do {
        ssd1306_DrawPixel(x, y, Black);
        if((y == 0) && (x < 127))
            x++;
        else if((x == 127) && (y < 63))
            y++;
        else if((y == 63) && (x > 0))
            x--;
        else
            y--;
        ssd1306_DrawPixel(x, y, White);
        ssd1306_UpdateScreen();
        end = HAL_GetTick();
    } while((end -start) < 8000);
    HAL_Delay(1000);
}
void ssd1306_TestFonts() {
    ssd1306_Fill(Black);
    ssd1306_SetCursor(2, 26+ 18);                            //初始化光标位置
    ssd1306_DrawString("johnny zhangyifei",Font_7x10,White); //打印内容及格式
    ssd1306_UpdateScreen();
}
void ssd1306_TestAll() {
    ssd1306_Init();
    ssd1306_TestBitmap();                                    //画马的图像
    HAL_Delay(2000);
    ssd1306_TestFPS();                                       //文字循环播放
    HAL_Delay(1000);
    ssd1306_TestBorder();                                    //动点
    ssd1306_TestFonts();                                     //打印英文名字
    HAL_Delay(3000);
}
```

14.2.3　WiFi 模块

实现 WiFi 连接相关代码请扫描二维码获取。

14.2.4　OneNET 云平台

本部分包括创建账号、创建产品、添加设备和相关代码。

1. 创建账号

登录网页 https://open.iot.10086.cn/passport/reg/，按要求填写注册信息后进行实名认证。

2. 创建产品

进入 Studio 平台后，在全部产品中选择多协议接入。单击"添加产品"按钮，在弹出页面中按照提示填写基本信息。本项目采用 MQTT 协议接入。

3. 添加设备

单击"创建的产品"按钮,进入详情页面,单击菜单栏中的设备列表,按照提示添加设备。

4. 相关代码

实现连接 OneNET 云平台,并对 LED 进行亮度控制,相关代码如下:

```
void onenet_cmd_rsp_cb(uint8_t *recv_data, size_t recv_size, uint8_t **resp_data,
size_t *resp_size)
{   printf("recv data is %.*s\n", recv_size, recv_data);   //打印接收到的信息
//将接收到的字符串进行从左到右按位比较,当接收到的字符串转换成的数字小于 101 时,GPIO10 和
//GPIO12 均不输出,灯关闭
    if (strcmp(recv_data, "101") < 0){
        printf("off\n");
        hi_gpio_set_ouput_val(HI_GPIO_IDX_10, 0);
        hi_gpio_set_ouput_val(HI_GPIO_IDX_12, 0);
    }
    //当接收到的字符串转换成的数字大于 101 小于 205 时,GPIO10 输出,GPIO12 不输出,灯的强度
    //为弱档
    else if((strcmp(recv_data, "101") >=0)&&(strcmp(recv_data, "205") < 0)){
        printf("on1\n");
        hi_gpio_set_ouput_val(HI_GPIO_IDX_10, 1);
        hi_gpio_set_ouput_val(HI_GPIO_IDX_12, 0);
    }
    //当接收到的字符串转换成的数字大于 205 时,GPIO10 和 GPIO12 均输出,灯的亮度为强档
    else if (strcmp(recv_data, "205") > 0){
        printf("on2\n");
        hi_gpio_set_ouput_val(HI_GPIO_IDX_10, 1);
        hi_gpio_set_ouput_val(HI_GPIO_IDX_12, 1);
    }
    *resp_data = NULL;
    *resp_size = 0;
}
int onenet_test(void)
{
    hi_gpio_init();
    hi_io_set_func(HI_GPIO_IDX_10, HI_IO_FUNC_GPIO_10_GPIO);  //初始化 GPIO10 端口
    hi_gpio_set_dir(HI_GPIO_IDX_10, HI_GPIO_DIR_OUT);        //将 GPIO10 设为输出端口
    hi_io_set_func(HI_GPIO_IDX_12, HI_IO_FUNC_GPIO_12_GPIO);  //初始化 GPIO12 端口
    hi_gpio_set_dir(HI_GPIO_IDX_12, HI_GPIO_DIR_OUT);        //将 GPIO12 设为输出端口
    device_info_init(ONENET_INFO_DEVID, ONENET_INFO_PROID, ONENET_INFO_AUTH,
ONENET_INFO_APIKEY, ONENET_MASTER_APIKEY);               //初始化 OneNET 上设备的信息
    onenet_mqtt_init();                                     //MQTT 的初始化
    onenet_set_cmd_rsp_cb(onenet_cmd_rsp_cb);               //进入命令回调处理函数
}
```

14.2.5　前端模块

鸿蒙 App 页面主要由功能部分和发送 POST 传输数据。功能部分包括 LED 单独显示、循环显示、文字显示和发送 POST 传输数据。

1. 单独显示

```
buttonOn.setClickedListener(new Component.ClickedListener() {
```

```
    @Override
    public void onClick(Component component) {
        new Thread(new Runnable() {
            @Override
            public void run() {
                doPost(postUrl, "505", 1112
);
            }//强亮
        }).start();
    }
});buttonLow.setClickedListener(new Component.ClickedListener() {
    @Override
    public void onClick(Component component) {
        new Thread(new Runnable() {
            @Override
            public void run() {
                doPost(postUrl, "102", 1102
);
            }//弱亮
        }).start();
    }
});
buttonOff.setClickedListener(new Component.ClickedListener() {
    @Override
    public void onClick(Component component) {
        new Thread(new Runnable() {
            @Override
            public void run() {
                doPost(postUrl, "100", 1100
);
            }//无
        }).start();
    }
});
```

2. 循环显示

```
buttonBegin.setClickedListener(new Component.ClickedListener() {
    @Override
    public void onClick(Component component) {
        long delay1 = 5000;                              //延迟 5s 后开始第一次循环
        long period = 15000;                             //循环周期
        TimerTask tt1 = new TimerTask() {
            @Override
            public void run() {
                doPost(postUrl, "505", 1112);            //强亮
            }
        };
        Timer t1 = new Timer();
        t1.schedule(tt1,delay1,period);
        long delay2 = 10000;
        TimerTask tt2 = new TimerTask() {
            @Override
```

```
                public void run() {
                    doPost(postUrl, "102", 1102);              //弱亮
                }
            };
            Timer t2 = new Timer();
            t2.schedule(tt2,delay2,period);
            long delay3 = 15000;
            TimerTask tt3 = new TimerTask() {
                @Override
                public void run() {
                    doPost(postUrl, "100", 1100);              //无
                }
            };
            Timer t3 = new Timer();
            t3.schedule(tt3,delay3,period);
        }
    });
}
```

3. 文字显示

```
private class MyEventHandler extends EventHandler {
    public MyEventHandler(EventRunner runner) throws IllegalArgumentException {
        super(runner);
    }
    @Override
    protected void processEvent(InnerEvent event) {
        super.processEvent(event);
        if(event==null){
            return;
        }
        //更新界面
        if(event.eventId==1002
){
            JsonBean jsonBean = (JsonBean) event.object;
            float tem = jsonBean.getData().getCurrent_value();
            String temText = Float.toString(tem);
            //textTem.setText(temText);
        }
        if(event.eventId==1112
){
            led_status.setText("当前状态:强亮");
        }
        if(event.eventId==1102
){
            led_status.setText("当前状态:弱亮");
        }
        if(event.eventId==1100
){
            led_status.setText("当前状态:灭");
        }
    }
}
```

4．发送 POST 传输数据

```
public void doPost(String url, String data, int reqCode){
    HttpURLConnection postConnection = null;
    URL postUrl;
    try{
        postUrl = new URL(url);
        postConnection = (HttpURLConnection) postUrl.openConnection();
        postConnection.setConnectTimeout(40000
);
        postConnection.setReadTimeout(30000
);
        postConnection.setRequestMethod("POST");
        //发送 POST 请求必须设置为 true
        postConnection.setDoOutput(true);
        postConnection.setDoInput(true);
        //设置二进制格式的数据
         postConnection.setRequestProperty("Content-Type", "application/octet-
stream");
        postConnection.setRequestProperty("api-key", api_key);
        DataOutputStream    dos    =    new    DataOutputStream ( postConnection.
getOutputStream());
        dos.write(data.getBytes(StandardCharsets.UTF_8));
        //flush 输出流的缓冲
        dos.flush();
        //定义 BufferReader 输入流来读取 URL 的响应
        BufferedReader    in    =    new    BufferedReader ( new    InputStreamReader
(postConnection.getInputStream()));
        String line;
        String result = "";
while((line = in.readLine())!=null){
            result += line;
        }
        //线程投递
        myEventHandler.sendEvent
(InnerEvent.get(reqCode));
    }catch (Exception e){
        e.printStackTrace();
    }
}
```

14.3　成果展示

Hi3861 开发板板载 LED 的实现效果如图 14-3 所示，OLED 显示中文名效果如图 14-4 所示，显示马的效果如图 14-5 所示，显示动态文字如图 14-6 所示，显示英文名及拼音如图 14-7 所示，LED 关闭状态如图 14-8 所示，LED 弱亮效果如图 14-9 所示，LED 强亮效果如图 14-10 所示，串口监视器效果如图 14-11 所示，鸿蒙 App 初始化及 LED 三种状态显示如图 14-12 所示，App 强亮状态如图 14-13 所示，App 弱亮状态如图 14-14 所示，App 无状态如图 14-15 所示。

图 14-3　Hi3861 开发板亮灯

图 14-4　OLED 显示中文名

图 14-5　显示马的图案

图 14-6　显示动态文字

图 14-7　显示英文名及拼音

图 14-8　LED 关闭状态

图 14-9　LED 弱亮效果

图 14-10　LED 强亮效果

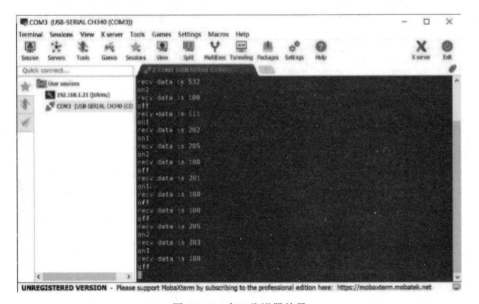

图 14-11　串口监视器效果

图 14-12　App 初始状态

图 14-13　App 强亮状态

图 14-14　App 弱亮状态

图 14-15　App 无状态

14.4　元件清单

完成本项目所需的元件及数量如表 14-2 所示。

表 14-2　元件清单

元件/测试仪表	数　　量	元件/测试仪表	数　　量
面包板	1 个	LED	1 个
Hi3861	1 个		

项目 15

隔离门警报

本项目通过鸿蒙 App 控制 Hi3861 开发板，实现模拟隔离期间门上警报器的功能：红外检测到开门时，向系统发送开门时间，并在 App 界面上显示，同时蜂鸣器响起、LED 闪烁提示。通过 App 可以控制关闭蜂鸣器警报，或关门后蜂鸣器自动关闭，从而实现双向通信。

15.1 总体设计

本部分包括系统架构和系统流程。

15.1.1 系统架构

系统架构如图 15-1 所示，Hi3861 开发板与外设引脚连线如表 15-1 所示。

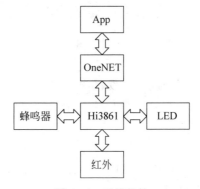

图 15-1 系统架构

表 15-1 Hi3861 开发板与外设引脚连线

Hi3861 开发板	红外避障传感器	蜂鸣器
GPIO9		+
GND	GND	−
GPIO11	OUT	/
3V3	VCC	/

15.1.2 系统流程

系统流程如图 15-2 所示。

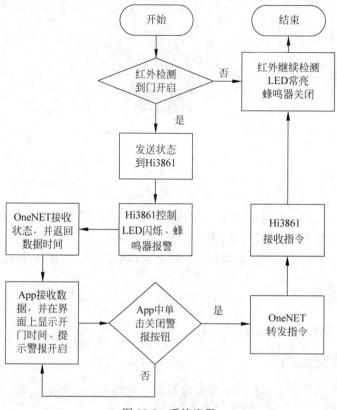

图 15-2　系统流程

15.2　模块介绍

本项目由 VSCode 和 DevEco Studio 开发，包括 LED 控制、WiFi 模块、蜂鸣器控制、红外测距传感器、OneNET 云平台和前端模块。下面分别给出各模块的功能介绍及相关代码。

15.2.1　LED 控制

原理如图 15-3 所示。LED 与 GPIO9 相连接，因此，需要通过设置 GPIO9 为输出模式并控制 GPIO9 的输出进而控制 LED 的亮灭。

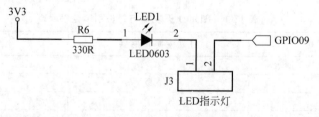

图 15-3　LED 原理图

（1）LED 具有 3 种状态。

```
enum LedState {
    LED_ON = 0,
    LED_OFF,
    LED_SPARK,
};
```

（2）接收到 OneNET 云平台信号后关闭 LED。

```
void onenet_cmd_rsp_cb(uint8_t *recv_data, size_t recv_size, uint8_t **resp_data,
size_t *resp_size)
{
    printf("recv data is %.*s\n", recv_size, recv_data);
    g_ledState = LED_ON;
    *resp_data = NULL;
    *resp_size = 0;
}
```

（3）接收到红外信号后开启闪烁。

```
static void OnButtonPressed(char *arg)
{
    printf("red react");
    g_ledState = LED_SPARK;
}
```

（4）初始化 GPIO 端口。

```
IoTGpioInit(LED_TEST_GPIO);
IoTGpioSetDir(LED_TEST_GPIO, IOT_GPIO_DIR_OUT);
```

（5）控制 LED 模式转换，分别是开启、关闭和闪烁。

```
switch (g_ledState) {
        case LED_ON:
            IoTGpioSetOutputVal(LED_TEST_GPIO, 0);
            usleep(LED_INTERVAL_TIME_US);
            break;
        case LED_OFF:
            IoTGpioSetOutputVal(LED_TEST_GPIO, 1);
            usleep(LED_INTERVAL_TIME_US);
            break;
        case LED_SPARK:
            IoTGpioSetOutputVal(LED_TEST_GPIO, 0);
            usleep(LED_INTERVAL_TIME_US);
            IoTGpioSetOutputVal(LED_TEST_GPIO, 1);
            usleep(LED_INTERVAL_TIME_US);
            break;
        default:
            usleep(LED_INTERVAL_TIME_US);
            break;
    }
    sleep(1);
```

15.2.2 WiFi 模块

实现 WiFi 连接的相关代码请扫描二维码获取。

15.2.3 蜂鸣器控制

将蜂鸣器接到 GPIO9 接口处，初始化 GPIO9 为输出模式，并且通过输入信号控制蜂鸣器的输出。

```
#define LED_TEST_GPIO 9//for hispark_pegasus
enum LedState {
    LED_ON = 0,
    LED_OFF,
    LED_SPARK,
};
enum LedState g_ledState = LED_ON;
void onenet_cmd_rsp_cb(uint8_t * recv_data, size_t recv_size, uint8_t ** resp_data,
size_t * resp_size)
{
    printf("recv data is %.*s\n", recv_size, recv_data);
        g_ledState = LED_ON;
    * resp_data = NULL;
    * resp_size = 0;
}
static void OnButtonPressed(char * arg)
{
    printf("red react");
    g_ledState = LED_SPARK;
}
IoTGpioInit(LED_TEST_GPIO);
    IoTGpioSetDir(LED_TEST_GPIO, IOT_GPIO_DIR_OUT);
```

15.2.4　红外测距传感器

原理：红外测距传感器使用一个红外 LED 发射装置和一个红外接收 LED 判断传感器附近物体的距离，当物体靠近传感器时，指示灯亮起，并传递高电平到开发板。红外传感器通过 GPIO11 连接开发板，开发板将检测 GPIO11 口的上升沿和下降沿，当电平发生变化时，说明传感器附近物体距离移动，利用该特点判断门是否被打开。

（1）GPIO11 初始化并绑定函数。

```
#define EX_RED_GPIO 11
    IoTGpioInit(EX_RED_GPIO);
    IoTGpioSetDir(EX_RED_GPIO, IOT_GPIO_DIR_IN);
    IoTGpioRegisterIsrFunc(EX_RED_GPIO, IOT_INT_TYPE_EDGE, IOT_GPIO_EDGE_RISE_
LEVEL_HIGH,
                        OnButtonPressed, NULL);
```

（2）检测到电平变化时执行以下函数。

```
static void OnButtonPressed(char * arg)
{
    printf("red react");
    g_ledState = LED_SPARK;
}
```

15.2.5　OneNET 云平台

本部分包括创建账号、创建产品、添加设备和相关代码。

1. 创建账号

登录网页 https://open.iot.10086.cn/passport/reg/，按要求填写注册信息后进行实名认证。

2．创建产品

进入 OneNET 云平台后，在旧版本控制台中选择创建新项目，选择多协议接入项目，并填写网络性质，选择网络协议。创建完成如图 15-4 所示。

图 15-4　创建产品

3．添加设备

单击"设备管理"，选择"添加设备"，按照提示填写相关信息，如图 15-5 所示。

图 15-5　添加设备

4．相关代码

下面给出连接 OneNET 云平台并上传、下载数据的相关代码。

（1）鸿蒙硬件相关代码。

```
#include <stdio.h>
#include <unistd.h>
#include "MQTTClient.h"
#include "onenet.h"
#include "ohos_init.h"
```

```c
#include "cmsis_os2.h"
#include "iot_gpio.h"
#define ONENET_INFO_DEVID "951007137"
#define ONENET_INFO_AUTH "hi3861"
#define ONENET_INFO_APIKEY "6STZqZ2W08BXbaCTa18fDaaeHds="
#define ONENET_INFO_PROID "522470"
#define ONENET_MASTER_APIKEY "ElHd9fFayaDOWMXqu94t=7r9mHM="
void onenet_cmd_rsp_cb(uint8_t * recv_data, size_t recv_size, uint8_t * * resp_data,
size_t * resp_size)
{
    printf("recv data is %.*s\n", recv_size, recv_data);
    if(recv_data[0]=='1')
    g_ledState = LED_OFF;
    else g_ledState = LED_ON;
    * resp_data = NULL;
    * resp_size = 0;
}
int onenet_test(void)
{
    IoTGpioInit(LED_TEST_GPIO);
    IoTGpioSetDir(LED_TEST_GPIO, IOT_GPIO_DIR_OUT);
    device_info_init(ONENET_INFO_DEVID, ONENET_INFO_PROID, ONENET_INFO_AUTH,
ONENET_INFO_APIKEY, ONENET_MASTER_APIKEY);
    onenet_mqtt_init();
    onenet_set_cmd_rsp_cb(onenet_cmd_rsp_cb);
    while (1)
    {
        int value = 10;
            if (onenet_mqtt_upload_digit("temperature", value) < 0)
        {
            printf("upload has an error, stop uploading");
            //break;
        }
        else
        {
            printf("buffer : {\"temperature\":%d} \r\n", value);
        }
            switch (g_ledState) {
            case LED_ON:
                IoTGpioSetOutputVal(LED_TEST_GPIO, 0);
                usleep(LED_INTERVAL_TIME_US);
                break;
            case LED_OFF:
                IoTGpioSetOutputVal(LED_TEST_GPIO, 1);
                usleep(LED_INTERVAL_TIME_US);
                break;
            case LED_SPARK:
                IoTGpioSetOutputVal(LED_TEST_GPIO, 0);
                usleep(LED_INTERVAL_TIME_US);
                IoTGpioSetOutputVal(LED_TEST_GPIO, 1);
                usleep(LED_INTERVAL_TIME_US);
                break;
            default:
                usleep(LED_INTERVAL_TIME_US);
                break;
```

```
        }
        sleep(1);
    }
    return 0;
}
```

（2）鸿蒙 App 相关代码。

```
var requestOptions = {
    url: "https://api.heclouds.com/cmds?device_id=951007137",
    method: 'POST',
    header: {
        'api-key': "6STZqZ2W08BXbaCTa18fDaaeHds=",
    },
    data: '1',
    success:(resp)=> {
        console.log("success");
        var resdata = JSON.parse(resp.data)
        this.info(resp)
    },
    fail:(resp)=>   {
        console.log("fail to get data")
        this.info(resp)
    },
    complete:()=>{
        console.log("request complete");
    }
};
fetch.fetch(requestOptions);
//获取当前状态
var requestOptions = {
    url: "https://api.heclouds.com/devices/951007137/datastreams/temperature",
    method: 'GET',
    header: {
        'api-key': "6STZqZ2W08BXbaCTa18fDaaeHds=",
    },
    success:(resp)=> {
        console.log("success");
        //获取当前蜂鸣器状态
        let beepstatus = JSON.parse(resp.data).data.current_value
        this.info(resp)
        //根据蜂鸣器状态修改提示内容,并且添加开门记录
        if(beepstatus==0) {
            this.message = "警报已关闭"
            this.doorstatus = 0
        }else {
            if(this.doorstatus == 0){
                this.openList.push(JSON.parse(resp.data).data.update_at)
                this.doorstatus = 1;
            }
            this.message = "警报已响,如需关闭,请按按钮"
        }
    },
    fail:(resp)=>   {
        console.log("fail to get data")
        this.info(resp)
    },
    complete:()=>{
```

```
            console.log("request complete");
        }
    };
    fetch.fetch(requestOptions);
```

15.2.6　前端模块

本部分包括图片与介绍语、开门记录、关闭警报按钮及警报实况。

1. 图片与介绍语

index.hml 相关代码如下：

```
    <div class="container">
<! --门禁图片-->
    <div class="container-title">
        <div class="top">
            <text class="title1">{{ title1 }}</text>
            <text class="titleDes">{{ titleDesc }}</text>
        </div>
</div>
```

index.js 相关代码如下：

```
export default {
    data: {
//背景
        title1: "您好,欢迎来到隔离门禁系统",
        titleDesc: "您可以在此获取开门时间、远程关闭警报",
```

2. 开门记录（获取开门时间列表）

index.hml 相关代码如下：

```
    <! --接收开门时间列表-->
    <div class="container-list">
    <text class='time-record'>开门记录</text>
    <list>
        <list-item for="{{openList}}" class="open-list-item">
            <text class="open-name" >
                {{$item}}
            </text>
        </list-item>
    </list>
</div>
```

index.js 相关代码如下：

```
        //门状态,0为关门,1为开门
        doorstatus: 0,
//开门时间列表:
        openList:[
        ],
    //提示内容
message:"红外智能开门警报系统检测中",
//日志封装
    info(params) {
        console.info(JSON.stringify(params))
    },
    //更新状态
    updateStatus(){
```

```
        //向 OneNET 获取当前状态
        var requestOptions = {
            url:   "  https://api.  heclouds.   com/devices/951007137/datastreams/
temperature",
            method: 'GET',
            header: {
                'api-key': "6STZqZ2W08BXbaCTa18fDaaeHds=",
            },
            success:(resp)=> {
                console.log("success");
                //获取当前蜂鸣器状态
                let beepstatus = JSON.parse(resp.data).data.current_value
                this.info(resp)
                //根据蜂鸣器状态修改提示内容,并且添加开门记录
                if(beepstatus==0) {
                    this.message = "警报已关闭"
                    this.doorstatus = 0
                }else {
                    if(this.doorstatus == 0){
                        this.openList.push(JSON.parse(resp.data).data.update_at)
                        this.doorstatus = 1;
                    }
                    this.message = "警报已响,如需关闭,请按按钮"
                }
            },
            fail:(resp)=>  {
                console.log("fail to get data")
                this.info(resp)
            },
            complete:()=>{
                console.log("request complete");
            }
        };
        fetch.fetch(requestOptions);
    },
```

3．关闭警报按钮及警报实况

index. hml 相关代码如下：

```
<! --关闭按钮-->
    <div class="container-bottom">
    <button class="button" type="capsule" value="单击远程关闭警报音响" onclick=
"buttonOnClick">
    </button>
<! --警报状态-->
        <text class="alertclosed">{{message}}</text>
    </div>
```

index. js 相关代码如下：

```
    //单击按钮关闭
    onInit() {
        this.title = this.$t('strings.name');
        this.titleColor = this.white;
        let that = this
        var i = 0;
        //轮询,每隔 2s 更新一次状态
```

```javascript
        var timer = setInterval(function () {
            that.updateStatus()
            if (i > 10) {
                clearInterval(timer);
            }
        }, 2000)
    },
    buttonOnClick(){
        console.log("close alert")
        //向 OneNET 发送关闭蜂鸣器指令
        var requestOptions = {
            url: "https://api.heclouds.com/cmds?device_id=951007137",
            method: 'POST',
            header: {
                'api-key': "6STZqZ2W08BXbaCTa18fDaaeHds=",
            },
            data: '1',
            success:(resp)=> {
                console.log("success");
                var resdata = JSON.parse(resp.data)
                this.info(resp)
            },
            fail:(resp)=>  {
                console.log("fail to get data")
                this.info(resp)
            },
            complete:()=>{
                console.log("request complete");
            }
        };
        fetch.fetch(requestOptions);
    }
}
```

15.3　成果展示

　　Hi3861 开发板的实现效果如图 15-6 所示，串口监视器效果如图 15-7 所示，红外检测门未开时如图 15-8 所示。当红外检测到门开时，LED 闪烁，警报响起，App 显示警报未关闭，并提示可选择远程手动关闭警报，开门记录显示时间如图 15-9 所示；单击关闭警报按钮，可手动关闭警报，如图 15-10 所示。

图 15-6　Hi3861 开发板实现效果

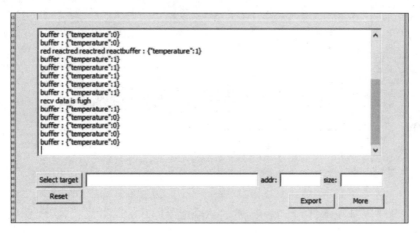

图 15-7　串口监视器效果

图 15-8　门未开时效果图

图 15-9　门开启，警报响起、LED 闪烁

图 15-10　单击关闭警报

15.4　元件清单

完成本项目所需的元件及数量如表 15-2 所示。

表 15-2　元件清单

元件/测试仪表	数　量	元件/测试仪表	数　量
QC PASSED 蜂鸣器	1 个	红外避障传感模块	1 个
Hi3861	1 个	杜邦线	若干

项目 16

模拟交通灯

本项目基于 PWM 及 DHT11 模块,通过 App 控制 Hi3861 开发板,实现模拟交通灯并进行温湿度检测。

16.1 总体设计

本部分包括系统架构和系统流程。

16.1.1 系统架构

系统架构如图 16-1 所示,Hi3861 开发板与外设引脚连线如表 16-1 所示。

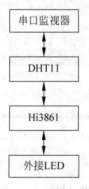

图 16-1 系统架构

表 16-1 Hi3861 开发板与外设引脚连线

Hi3861 开发板	内置 LED	DHT11	外接 LED
GPIO9	+		
GND	−	GND	−
USB_5V		VCC	
GPIO11		DAT	
GPIO10			+

16.1.2 系统流程

系统流程如图 16-2 所示。

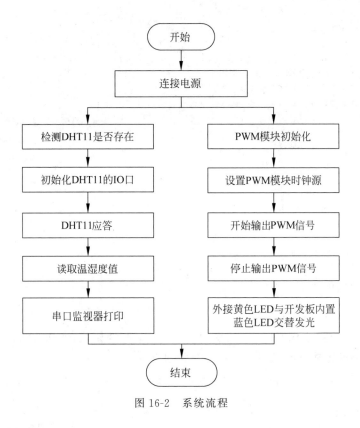

图 16-2 系统流程

16.2 模块介绍

本项目由 VSCode 开发，Hiburn 烧录，包括 PWM、复位、DHT11 应答、数据获取和打印数据模块。下面分别给出各模块的功能介绍及相关代码。

16.2.1 PWM

实现通过 PWM 控制 LED 开关功能的相关代码如下：

```c
#include <stdio.h>
#include "ohos_init.h"
#include "cmsis_os2.h"
#include "hi_gpio.h"
#include "hi_io.h"
#include "hi_pwm.h"
static void PwmGpioTask(void *arg){
    (void)arg;
    const int NumLevels = 100;
    for (int i = 1; i < NumLevels; i++)
    {
        hi_pwm_start(HI_PWM_PORT_PWM0, 65400/i, 65400);
        osDelay(10);
        hi_pwm_stop(HI_PWM_PORT_PWM0);
    }
}
static void PwmGpioEntry(void){
    printf("Led Test!\n");
```

```
    osThreadAttr_t attr;
    hi_gpio_init();
    hi_io_set_func(9, HI_IO_FUNC_GPIO_9_PWM0_OUT);
    hi_pwm_init(HI_PWM_PORT_PWM0);
    attr.name = "PwmGpioTask";
    attr.attr_bits = 0U;
    attr.cb_mem = NULL;
    attr.cb_size = 0U;
    attr.stack_mem = NULL;
    attr.stack_size = 1024;
    attr.priority = 25;
    if (osThreadNew(PwmGpioTask, NULL, &attr) == NULL) {
        printf("[LedExample] Falied to create LedTask!\n");
    }
}
SYS_RUN(PwmGpioEntry);
```

16.2.2　复位

产生起始信号时的配置方法如下：

首先，GpioInit()初始化 GPIO；其次，配置为普通 I/O 模式；再次，配置为输出模式；最后，根据时序要求配置输出高低电平。相关代码如下：

```
#define DHT11_GPIO   WIFI_IOT_IO_NAME_GPIO_11
I/O 操作函数
#defineDHT11_DQ_OUT_High GpioSetOutputVal(DHT11_GPIO, 1);  //设置 GPIO 输出高电平
#defineDHT11_DQ_OUT_Low GpioSetOutputVal(DHT11_GPIO, 0);   //设置 GPIO 输出低电平
//设置端口为输出
void DHT11_IO_OUT(void)
{
    //设置 GPIO_11 为输出模式
    GpioSetDir(DHT11_GPIO, WIFI_IOT_GPIO_DIR_OUT);
}
//初始化 DHT11 的 I/O 口 DQ,同时检测 DHT11 的存在
//返回 1:不存在
//返回 0:存在
u8 DHT11_Init(void)
{
//初始化 GPIO
    GpioInit();
    //设置 GPIO_2 的复用功能为普通 GPIO
    IoSetFunc(WIFI_IOT_IO_NAME_GPIO_2, WIFI_IOT_IO_FUNC_GPIO_2_GPIO);
    //设置 GPIO_2 为输出模式
    GpioSetDir(WIFI_IOT_GPIO_IDX_2, WIFI_IOT_GPIO_DIR_OUT);
    //设置 GPIO_2 输出高电平点亮 LED
    GpioSetOutputVal(WIFI_IOT_GPIO_IDX_2, 1);
    //设置 GPIO_11 的复用功能为普通 GPIO
     IoSetFunc(DHT11_GPIO, WIFI_IOT_IO_FUNC_GPIO_11_GPIO);
    //设置 GPIO_11 为输出模式
    GpioSetDir(DHT11_GPIO, WIFI_IOT_GPIO_DIR_OUT);
    //设置 GPIO_11 输出高电平
    GpioSetOutputVal(DHT11_GPIO, 1);
    DHT11_Rst();                                          //复位 DHT11
     return DHT11_Check();                                //等待 DHT11 的回应
}
```

```
//复位 DHT11
void DHT11_Rst(void)
{
DHT11_IO_OUT();                            //SET OUTPUT
   DHT11_DQ_OUT_Low;                       //拉低 DQ
    hi_udelay(20000);                      //拉低至少 18ms
   DHT11_DQ_OUT_High;                      //DQ=1
    hi_udelay(35);                         //主机拉高 20~40μs
}
```

16.2.3　DHT11 应答

在等待应答阶段,将 GPIO 口配置为浮空输入模式,检测 GPIO 状态,判断 DHT11 连接是否正常。首先,GPIO 切换为输入模式;然后,检测 GPIO 状态,判断总线的高低电平是否满足应答信号。相关代码如下:

```
//获取 GPIO 输入状态
u8 GPIOGETINPUT(WifiIotIoName id,WifiIotGpioValue *val)
{
    GpioGetInputVal(id,val);
    return *val;
}
//设置端口为输入
void DHT11_IO_IN(void)
{
    GpioSetDir(DHT11_GPIO, WIFI_IOT_GPIO_DIR_IN);        //配置为输入模式
    IoSetPull( DHT11_GPIO, WIFI_IOT_IO_PULL_NONE);       //配置为浮空输入
}
//等待 DHT11 的回应
//返回 1:未检测到 DHT11 的存在
//返回 0:存在
u8 DHT11_Check(void)
{
u8 retry=0;
    DHT11_IO_IN();                                       //设置输入
    while (GPIOGETINPUT(DHT11_GPIO,&DHT11_DQ_IN)&&retry<100)
                                                         //DHT11 会拉低 40~80μs
    {
    retry++;
    hi_udelay(1);
    };
if(retry>=100)return 1;
else retry=0;
    while ((!GPIOGETINPUT(DHT11_GPIO,&DHT11_DQ_IN))&&retry<100)
                                                         //DHT11 拉低后会再次拉高 40~80μs
    {
    retry++;
    hi_udelay(1);
    };
if(retry>=100)return 1;
return 0;
}
```

16.2.4　数据获取

在检测到 DHT11 的应答后,会发送 40 位 BIT 的数据,需要通过固定时间间隔读取总线

状态来获取。继续配置为输入模式，间隔固定时间读取总线电平，进而得到数据，最后根据数据格式解析出所需内容。相关代码如下：

```
//从 DHT11 读取一个位
//返回值:1/0
u8 DHT11_Read_Bit(void)
{
    u8 retry=0;
  while(GPIOGETINPUT(DHT11_GPIO,&DHT11_DQ_IN)&&retry<100){      //等待变为低电平
        retry++;
        hi_udelay(1);
    }
    retry=0;
    while((!GPIOGETINPUT(DHT11_GPIO,&DHT11_DQ_IN))&&retry<100){    //等待变为高电平
        retry++;
        hi_udelay(1);
    }
    hi_udelay(40);                                              //等待 40µs
//判断高低电平,即数据 1 或 0
    if(GPIOGETINPUT(DHT11_GPIO,&DHT11_DQ_IN)) return 1; else return 0;
}
//从 DHT11 读取 1 字节
//返回值:读到的数据
u8 DHT11_Read_Byte(void)
{
    u8 i,dat;
    dat=0;
for (i=0;i<8;i++)
    {
        dat<<=1;
    dat|=DHT11_Read_Bit();
    }
    return dat;
}
//从 DHT11 读取一次数据
//temp:温度值(范围:0~50℃)
//humi:湿度值(范围:20%~90%)
//返回值:0 为正常;1 为读取失败
u8 DHT11_Read_Data(u8 *temp,u8 *humi)
{
    u8 buf[5]={ 0 };
u8 i;
DHT11_Rst();
if(DHT11_Check()==0)
    {
    for(i=0;i<5;i++)                                          //读取 40 位数据
    {
        buf[i]=DHT11_Read_Byte();
    }
    if((buf[0]+ buf[1]+ buf[2]+ buf[3])==buf[4])              //数据校验
    {
        *humi=buf[0];
        *temp=buf[2];
    }
    }else return 1;
```

```
    return 0;
}
```

16.2.5　打印数据

```
#include <stdio.h>
#include <unistd.h>
#include "ohos_init.h"
#include "cmsis_os2.h"
#include "dht11.h"
static void DHT11_Task(void)
{
    u8   ledflag=0;
    u8 temperature=0;
u8 humidity=0;
    while(DHT11_Init())                                          //DHT11 初始化
    {
    printf("DHT11 Init Error!!\r\n");
        usleep(100000);
}
    printf("DHT11 Init Successful!!");
    while (1)
    {
        if( DHT11_Read_Data(&temperature,&humidity)==0)          //读取温湿度值
        {
          if((temperature!= 0)||(humidity!=0))
          {
              ledflag++;
              printf("Temperature = %d\r\n",temperature);
              printf("Humidity = %d\r\n",humidity);
          }
        }
        //延时 100ms
        GpioSetOutputVal(WIFI_IOT_GPIO_IDX_2, ledflag%2);
        usleep(500000);
    }
}
static void DHT11ExampleEntry(void)
{
    osThreadAttr_t attr;
    attr.name = "DHT11_Task";
    attr.attr_bits = 0U;
    attr.cb_mem = NULL;
    attr.cb_size = 0U;
    attr.stack_mem = NULL;
    attr.stack_size = 1024;
    attr.priority = 25;
    if (osThreadNew((osThreadFunc_t)DHT11_Task, NULL, &attr) == NULL)
    {
        printf("Falied to create DHT11_Task!\n");
    }
}
APP_FEATURE_INIT(DHT11ExampleEntry);
```

16.3　成果展示

Hi3861 开发板亮蓝色 LED 如图 16-3 所示,亮黄色 LED 如图 16-4 所示,串口监视器获取温湿度如图 16-5 所示。

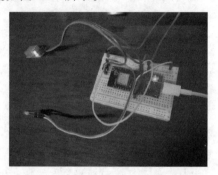

图 16-3　Hi3861 开发板亮蓝色 LED

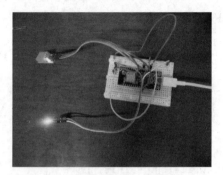

图 16-4　Hi3861 开发板亮黄色 LED

```
SSCOM V5.13.1 串口/网络数据调试器,作者:大虾丁丁,2618058@qq.com. QQ群: 52502449(最新版本)    —  □  ×
通讯端口  串口设置  显示  发送  多字符串  小工具  帮助  联系作者  大虾论坛

Temperature = 16
Humidity = 74
Temperature = 16
Humidity = 75
Temperature = 17
Humidity = 75
Temperature = 17
Humidity = 76
Temperature = 16
Humidity = 77
Temperature = 17
Humidity = 77
Temperature = 17
Humidity = 77
Temperature = 17
Humidity = 80
Temperature = 18
Humidity = 80
Temperature = 18
Humidity = 82
Temperature = 18
Humidity = 82
Temperature = 18
Humidity = 83
Temperature = 18
Humidity = 83
Temperature = 18
Humidity = 85
Temperature = 19
Humidity = 86
```

图 16-5　串口监视器获取温湿度

16.4　元件清单

完成本项目所需的元件及数量如表 16-2 所示。

表 16-2　元件清单

元件/测试仪表	数　　量	元件/测试仪表	数　　量
面包板	1个	DHT11 温湿度传感器	1个
Hi3861	1个	导线	若干
黄色 LED	1个	USB 数据线	1个

项目 17

远程遥控闹钟

本项目基于鸿蒙 App 和 Hi3861 开发板,实现控制远程闹钟开关功能。

17.1 总体设计

本部分包括系统架构和系统流程。

17.1.1 系统架构

系统架构如图 17-1 所示,Hi3861 开发板与外设引脚连线如表 17-1 所示。

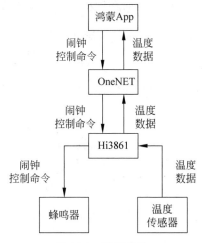

图 17-1 系统架构

表 17-1 Hi3861 开发板与外设引脚连线

Hi3861 开发板	蜂 鸣 器	温湿度传感器
GPIO14	/	SCL
GPIO15	/	SDA
GPIO09	BEEP	/
3V3	3V3	/
GND	GND	/
5V	USB_5V	/

17.1.2 系统流程

系统流程如图 17-2 所示。

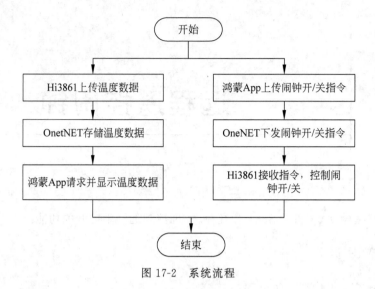

图 17-2　系统流程

17.2　模块介绍

本项目使用 VSCode 和 DevEco Studio 开发。项目包括高温报警、曲谱模块、闹钟指令接收、温度读取、主函数、OneNET 云平台和前端模块。下面分别给出各模块的功能介绍及相关代码。

17.2.1　高温报警

温度超过 32℃后报警的相关代码如下：

```
static void PwmGpioBeep(){
    const int NumLevels = 100;
    hi_io_set_func(9, HI_IO_FUNC_GPIO_9_PWM0_OUT);
    hi_pwm_init(HI_PWM_PORT_PWM0);
    hi_pwm_set_clock(PWM_CLK_XTAL);
    for (int i = 1; i < NumLevels; i++)
    {
        hi_pwm_start(HI_PWM_PORT_PWM0, 65400/i, 65400);
        osDelay(10);
        hi_pwm_stop(HI_PWM_PORT_PWM0);
    }
}
```

17.2.2　曲谱模块

曲谱以及播放闹铃相关代码如下：

```
//音符对应的分频系数
static const uint16_t g_tuneFreqs[] = {
    0,          //40MHz 时钟源
    38223,      //1 do 1046.5
    34052,      //2 re 1174.7
    30338,      //3 mi 1318.5
    28635,      //4 fa 1396.4
    25511,      //5 so 1568
```

```
    22728,      //6 la 1760
    20249,      //7 xi 1975.5
    51021,      //8 低音 so 783.99
    45454,      //9 低音 la 880.00
    40495,      //10 低音 xi 987.77
};
//曲谱音符
static const uint8_t g_scoreNotes[] = {
    //《蜜雪冰城》简谱
3,5,5,6,5, 3,1,1,2,3, 3,2,1,2,0,
3,5,5,6,5, 3,1,1,2,3, 3,2,2,1,0, 4,4,4,6,
5,5,3,2,0, 3,5,5,6,5, 3,1,1,2,3, 3,2,2,1,0
};
//曲谱时值
static const uint8_t g_scoreDurations[] = {
4,4,4,2,4, 4,4,2,2,4, 4,4,4,8,8,
4,4,4,2,4, 4,4,2,2,4, 4,4,4,8,8, 8,8,4,6,
8,4,4,8,8, 4,4,4,2,4, 4,4,2,2,4, 4,4,4,4,8
};
//下发命令大于1时闹钟响
static void PwmGpioMusic(){
    uint32_t tune;
    uint16_t freqDivisor;
    uint32_t tuneInterval;
    for (size_t i = 0; i < sizeof(g_scoreNotes)/sizeof(g_scoreNotes[0]); i++)
    {
        tune = g_scoreNotes[i];
        freqDivisor = g_tuneFreqs[tune];
        tuneInterval = g_scoreDurations[i] * (125 * 1000); //时间
        printf("%d %d %d\r\n", tune, freqDivisor, tuneInterval);
        hi_pwm_start(HI_PWM_PORT_PWM0, freqDivisor/2, freqDivisor);
        hi_udelay(tuneInterval);
        hi_pwm_stop(HI_PWM_PORT_PWM0);
    }
}
```

17.2.3　闹钟指令接收

闹钟开关指令的接收相关代码如下：

```
//接收 OneNET 下发指令的函数
void onenet_cmd_rsp_cb(uint8_t *recv_data, size_t recv_size, uint8_t **resp_data,
size_t *resp_size)
{
    printf("recv data is %.*s\n", recv_size, recv_data);
    //接收到的指令为 2 时，闹钟开启，为 0 时闹钟关闭，无效指令则会提示重新输入
    if(strcmp(recv_data, "1") < 0){
        printf("闹钟关闭\n");
    }
    else if(strcmp(recv_data, "1") > 0){
        printf("on\n");
        PwmGpioMusic();
    }
    else{
        printf("请重新输入指令\n");
    }
```

```
    * resp_data = NULL;
    * resp_size = 0;
}
```

17.2.4　温度读取

通过温湿度传感器读取数据相关代码请扫描二维码获取。

```
//主函数
int onenet_test(void)
{
    device_info_init(ONENET_INFO_DEVID, ONENET_INFO_PROID, ONENET_INFO_AUTH,
ONENET_INFO_APIKEY, ONENET_MASTER_APIKEY);
    onenet_mqtt_init();
    onenet_set_cmd_rsp_cb(onenet_cmd_rsp_cb);
    printf("Wifi 已经成功连接\n");
 while (1)
    {
        float tem = 0.0, hum = 0.0;
        Aht20TestTask(&tem, &hum);
        //方便与鸿蒙端配合,将数据转为 string 类型
        char t[11], h[11];
        memset(t, 0, sizeof(t));
        memset(h, 0, sizeof(h));
        sprintf(t, "%.2f", tem);
        sprintf(h, "%.2f", hum);
   //printf("-------------- 温度为:%2f,湿度为:%2f--------------- \n", temp,
humi);
        //向 OneNET 云平台上传温湿度数据
        if ((onenet_mqtt_upload_string("temperature", t) < 0) || (onenet_mqtt_
upload_string("humidity", h) < 0)){
            printf("upload has an error, stop uploading");
            break;
        }
        else
            printf("buffer : {\"temperature\":%s,\"humidity\":%s}\r\n",t, h);
        //如果温度超过 33℃,则蜂鸣器报警,不接收 OneNET 云平台下发的指令
        if(tem > 33){
            PwmGpioBeep();
            continue;
        }
        //接收 OneNET 云平台下发的指令
        onenet_set_cmd_rsp_cb(onenet_cmd_rsp_cb);
        sleep(1);
    }
 return 0;
}
```

17.2.5　OneNET 云平台

本部分包括创建账号、创建产品、添加设备和相关代码。

1. 创建账号

登录网页 https://open.iot.10086.cn/passport/reg/,按要求填写注册信息后进行实名认证。

2. 创建产品

进入 OneNET 控制台首页,单击切换至旧版,如图 17-3 所示。

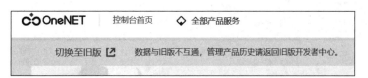

图 17-3 切换控制台为旧版本

在全部产品中选择"多协议接入",如图 17-4 所示。

图 17-4 多协议接入

单击"添加产品"按钮,在弹出页面填入产品信息,设备接入协议选择默认的 MQTT,即可完成产品的创建,如图 17-5 和图 17-6 所示。

图 17-5 创建 MQTT 产品   图 17-6 技术参数

创建完成的产品如图 17-7 所示。

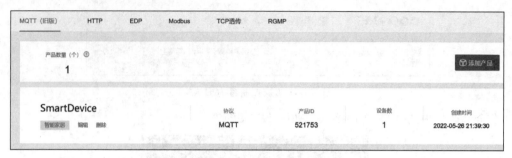

图 17-7　创建完成的产品

3. 添加设备

单击"设备管理"，选择"添加设备"，按照提示填写相关信息，如图 17-8 所示。

图 17-8　添加设备

4. 相关代码

系统硬件与软件均需与 OneNET 云平台进行交互，下面分别从硬件与软件两个方面进行介绍。

（1）Hi3861 开发板与 WiFi 接入相关代码请扫描二维码获取。

（2）鸿蒙 App 相关代码。

```
//上传闹钟控制命令至 OneNET 云平台
//使用 HTTP 协议上传数据
OkHttpClient client = new OkHttpClient();
//上传数据 body 的构造
MediaType JSON= MediaType.parse("application/string");
ZSONObject controlCommand = new ZSONObject();
ZSONObject controlCommandData = new ZSONObject();
controlCommandData.put("id" ,"ledSwitch");
//controlCommandData.put("id" ,"led");
ZSONObject controlCommandValue = new ZSONObject();
//controlCommandValue.put("value",temp);
controlCommandValue.put("value",switchFlag);
ArrayList listValue = new ArrayList();
listValue.add(controlCommandValue);
```

```
            controlCommandData.put("datapoints",listValue);
            ArrayList listData = new ArrayList();
            listData.add(controlCommandData);
            controlCommand.put("datastreams" ,listData);
            //这里需要切换
            //RequestBody  body = RequestBody. create ( JSON, controlCommand.
toString());

            RequestBody body = RequestBody.create(JSON,switchFlag);
            //测试:http://api.heclouds.com/devices/953294987/datapoints
            //测试:=F03FfzmrNV9HWnYSCRDgE6Ywrs=
            //实际使用 http://api.heclouds.com/cmds?device_id=953294987
            //实际使用 15bsGju4sNuICiItCZ=E7gICVDI=
            //上传数据使用 HTTP 的 POST 方法
            Request request = new Request.Builder()
                    .url("http://api.heclouds.com/cmds?device_id=953294987")
                    .header("api-key", "15bsGju4sNuICiItCZ=E7gICVDI=")
                    .addHeader("Content-Type", "application/json")
                    .post(body)
                    .build();
            Call call = client.newCall(request);
            call.enqueue(new Callback() {
                @Override
                public void onFailure(Call call, IOException e) {
                    //处理界面需要切换到线程处理
                    getUITaskDispatcher().asyncDispatch(new Runnable() {
                        @Override
                        public void run() {
                            resultProcessText.setMultipleLine(true);
resultProcessText.setText(e.getMessage()); //显示失败回调的报错信息
                        }
                    });
                }
                @Override
                public void onResponse(Call call, Response response) throws
IOException {
                    if(response.isSuccessful()){
                        //处理界面需要切换到线程处理
                        getUITaskDispatcher().asyncDispatch(new Runnable
() {

                            @Override
                            public void run() {
                                //上传成功提示弹窗
                                ToastDialog toastDialog = new ToastDialog
(getApplicationContext());   //创建提示信息组件
                                toastDialog.setAlignment(1);
                                toastDialog. setText ( " 数 据 上 传 成 功 ").
setDuration(1000).show(); //设置提示内容以及显示时间
                                //对开关的界面进行调整,以及更新开关状态的标志
                                if(switchFlag == "0"){
                                switchFlag = "1";   //下次上传的开关状态为1
                                    switchButton.setBackground(pixBgOff);
                                        //界面更新为开关关

                                }else{
                                switchFlag = "0";  //下次上传的开关状态为 0
                                    switchButton.setBackground(pixBgOn);
                                        //界面更新为开关开

                                }

                            }
```

```
                    });
                }
            }
        });
```

（3）从 OneNET 云平台请求温度数据。

```
            OkHttpClient client = new OkHttpClient();
            //测试 http://api.heclouds.com/devices/949667886/datastreams/ledSwitch
            //测试=F03FfzmrNV9HWnYSCRDgE6Ywrs=
            //实际使用 http://api.heclouds.com/devices/953294987/datastreams/humidity
            //实际使用的 15bsGju4sNuICiItCZ=E7gICVDI=
            //请求数据使用 HTTP 的 GET 方法
            Request request = new Request.Builder()
                .url ( " http://api. heclouds. com/devices/953294987/
datastreams/temperature")
                .header("api-key", "15bsGju4sNuICiItCZ=E7gICVDI=")
                .addHeader("Content-Type", "application/json")
                .get()
                .build();
            Call call = client.newCall(request);
            call.enqueue(new Callback() {
                @Override
                public void onFailure(Call call, IOException e) {
                    //处理界面需要切换到线程处理
                    getUITaskDispatcher().asyncDispatch(new Runnable() {
                        @Override
                        public void run() {
                            resultProcessText.setMultipleLine(true);
                            resultProcessText.setText(e.getMessage());
                    //显示报错信息
                        }
                    });
                }
                @Override
                public void onResponse (Call call, Response response) throws
IOException {
                    if(response.isSuccessful()){
                        //获得请求报文,并转化为字符串的形式
                        String result = response.body().string();
                        //将字符串转化为 Json 数据的格式
                        ZSONObject zsonObject= ZSONObject.stringToZSON(result);
                        //获得当前数据的值
                            humidityData = zsonObject.getZSONObject ("data").
getString("current_value");
                        //处理界面需要切换到线程处理
                        getUITaskDispatcher().asyncDispatch(new Runnable() {
                            @Override
                            public void run() {
                                resultProcessText. setText ("当前温度为:" +
humidityData + "℃"); //显示当前温度数据
                            }
                        });
                    }
                }
            });
```

17.2.6　前端模块

鸿蒙 App 的主要功能为通过按钮发送闹钟开关控制命令至 OneNET 云平台并请求最新的温度数据。具体实现如下。

（1）单击事件及发送方法为 Post 的 HTTP 请求。

```
//开关按钮监听事件
switchButton.setClickedListener(new Component.ClickedListener() {
    @Override
    //在组件中增加对单击事件的检测
    public void onClick(Component component) {
        //debug 时使用的控制命令
        String temp; //暂存从文本组件中获得的字符串
        temp=resultProcessText1.getText(); //从 textField1 获得矩阵的行对应
                                            //的字符串
        //使用 HTTP 协议上传数据
        OkHttpClient client = new OkHttpClient();
        //上传数据 body 的构造
        MediaType JSON= MediaType.parse("application/string");
        ZSONObject controlCommand = new ZSONObject();
        ZSONObject controlCommandData = new ZSONObject();
        controlCommandData.put("id","ledSwitch");
        //controlCommandData.put("id","led");
        ZSONObject controlCommandValue = new ZSONObject();
        //controlCommandValue.put("value",temp);
        controlCommandValue.put("value",switchFlag);
        ArrayList listValue = new ArrayList();
        listValue.add(controlCommandValue);
        controlCommandData.put("datapoints",listValue);
        ArrayList listData = new ArrayList();
        listData.add(controlCommandData);
        controlCommand.put("datastreams",listData);
        //需要切换
        //RequestBody body = RequestBody. create (JSON, controlCommand.
toString());
        RequestBody body = RequestBody.create(JSON,switchFlag);
        //测试 http://api.heclouds.com/devices/953294987/datapoints
        //测试=F03FfzmrNV9HWnYSCRDgE6Ywrs=
        //实际使用 http://api.heclouds.com/cmds?device_id=953294987
        //实际使用 15bsGju4sNuICiItCZ=E7gICVDI=
        //上传数据使用 HTTP 的 POST 方法
        Request request = new Request.Builder()
                .url ( " http://api. heclouds. com/cmds? device _ id =
953294987")
                .header("api-key", "15bsGju4sNuICiItCZ=E7gICVDI=")
                .addHeader("Content- Type", "application/json")
                .post(body)
                .build();
        Call call = client.newCall(request);
        call.enqueue(new Callback() {
            @Override
            public void onFailure(Call call, IOException e) {
                //处理界面需要切换到线程处理
                getUITaskDispatcher().asyncDispatch(new Runnable() {
```

```
                                @Override
                                public void run() {
                                    resultProcessText.setMultipleLine(true);
                                    resultProcessText.setText(e.getMessage());
//显示失败回调的报错信息
                                }
                            });
                        }
                        @Override
                        public void onResponse(Call call, Response response) throws
IOException {
                            if(response.isSuccessful()){
                                //处理界面需要切换到线程处理
                                getUITaskDispatcher().asyncDispatch(new Runnable
() {

                                    @Override
                                    public void run() {
                                        //上传成功提示弹窗
                                        ToastDialog toastDialog = new ToastDialog
(getApplicationContext()); //创建提示信息组件
                                        toastDialog.setAlignment(1);
                                        toastDialog. setText ( " 数 据 上 传 成 功 ").
setDuration(1000).show(); //设置提示内容及显示时间
                                        //对开关的界面进行调整及更新标志
                                        if(switchFlag == "0"){
                                            switchFlag = "1"; //下次上传的开关状态为1
                                        switchButton.setBackground(pixBgOff); //界面更新为开关关
                                        }else{
                                            switchFlag = "0"; //下次上传的开关状态为0
                                            switchButton.setBackground(pixBgOn);
                                                //界面更新为开关开
                                        }
                                    }
                                });
                            }
                        }
                    });
                }
        });
```

(2) 周期性发送方法为 GET 的 HTTP 请求。

```
        //周期性从 OneNET 云平台请求数据
        final Timer timer = new Timer();
        timer.schedule(new TimerTask() {
            @Override
            public void run() {
                //postMessage(); //调试时使用
                //使用 HTTP 协议从 OneNET 云平台请求数据
                OkHttpClient client = new OkHttpClient();
        //测试 http://api.heclouds.com/devices/949667886/datastreams/ledSwitch
                //测试=F03FfzmrNV9HWnYSCRDgE6Ywrs=
    //实际使用 http://api.heclouds.com/devices/953294987/datastreams/humidity
                //实际使用 15bsGju4sNuICiItCZ=E7gICVDI=
                //请求数据使用 HTTP 的 GET 方法
                Request request = new Request.Builder()
```

```
                          .url ( " http://api. heclouds. com/devices/953294987/
datastreams/temperature")
                          .header("api-key", "15bsGju4sNuICiItCZ=E7gICVDI=")
                          .addHeader("Content-Type", "application/json")
                          .get()
                          .build();
            Call call = client.newCall(request);
            call.enqueue(new Callback() {
                @Override
                public void onFailure(Call call, IOException e) {
                    //处理界面需要切换到线程处理
                    getUITaskDispatcher().asyncDispatch(new Runnable() {
                        @Override
                        public void run() {
                            resultProcessText.setMultipleLine(true);
                            resultProcessText.setText(e.getMessage());
//显示报错信息
                        }
                    });
                }
                @Override
                public void onResponse (Call call, Response response) throws
IOException {
                    if(response.isSuccessful()){
                        //获得请求报文,并转化为字符串的形式
                        String result = response.body().string();
                        //将字符串转化为 Json 数据的格式
                     ZSONObject zsonObject= ZSONObject.stringToZSON(result);
                        //获得当前数据的值
   humidityData = zsonObject.getZSONObject("data").getString("current_value");
                        //处理界面需要切换到线程处理
                        getUITaskDispatcher().asyncDispatch(new Runnable() {
                            @Override
                            public void run() {
                                  resultProcessText.setText ( "当前温度为:" +
humidityData + "℃"); //显示当前温度数据
                            }
                        });
                    }
                }
            });
        }
    },0,10000);
```

（3）数据上传及请求测试。

```
    //用于测试的上传数据函数
    public void postMessage(){
        deBugData = deBugData + "2"; //每个周期 deBugData 增加一个"2"
        //使用 HTTP 协议上传数据
        OkHttpClient client = new OkHttpClient();
        //上传数据 body 的构造
        MediaType JSON= MediaType.parse("application/string");
        ZSONObject controlCommand = new ZSONObject();
        ZSONObject controlCommandData = new ZSONObject();
        controlCommandData.put("id" ,"ledSwitch");
```

```
ZSONObject controlCommandValue = new ZSONObject();
controlCommandValue.put("value",deBugData);
ArrayList listValue = new ArrayList();
listValue.add(controlCommandValue);
controlCommandData.put("datapoints",listValue);
ArrayList listData = new ArrayList();
listData.add(controlCommandData);
controlCommand.put("datastreams" ,listData);
RequestBody body = RequestBody.create(JSON, controlCommand.toString());
//上传数据使用 HTTP 的 POST 方法
Request request = new Request.Builder()
        .url("http://api.heclouds.com/devices/949667886/datapoints")
        .header("api-key", "=F03FfzmrNV9HWnYSCRDgE6Ywrs=")
        .addHeader("Content-Type", "application/json")
        .post(body)
        .build();
Call call = client.newCall(request);
call.enqueue(new Callback() {
    @Override
    public void onFailure(Call call, IOException e) {
        //回调失败需要回到主线程显示结果
    }
    @Override
    public void onResponse(Call call, Response response) throws IOException {
        if(response.isSuccessful()){
            String result = response.body().string();    //暂时无须显示
        }
    }
});
}
```

17.3　产品展示

　　按下 Hi3861 开发板上的 RST 键，开始烧录，显示 WiFi 连接成功，如图 17-9 所示；打开鸿蒙 App，显示当前 Hi3861 开发板所处环境的温度以及控制闹钟的开关，如图 17-10 所示。

图 17-9　WiFi 连接成功　　　　　　　　　　图 17-10　鸿蒙 App 初始页面

　　此时 OneNET 云平台显示的最新温度数据与鸿蒙 App 显示一致，如图 17-11 所示。

图 17-11　"数据流展示"页面

单击开关按钮，变为开状态，如图 17-12 所示；此时 Hi3861 开发板串口打印结果为 on，如图 17-13 所示；在 Hi3861 开发板的控制下闹钟开始工作，串口监视器显示曲谱音调，如图 17-14 所示；单击开关按钮，按钮变为关状态，如图 17-15 所示。

图 17-12　按钮开

图 17-13　串口打印结果

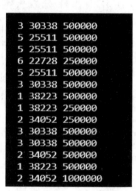

图 17-14　曲谱音调

图 17-15　按钮关

OneNET 云平台显示的控制命令为"0"，串口打印结果为"闹钟关闭"，如图 17-16 所示。

```
buffer : {"temperature":29.70, "humidity":48.85}
recv data is 0
闹钟关闭
buffer : {"temperature":29.70, "humidity":48.57}
```

图 17-16　开发板串口打印结果

17.4　元件清单

完成本项目所需的元件及数量如表 17-2 所示。

表 17-2　元件清单

元件/测试仪表	数　量	元件/测试仪表	数　量
面包板	1个	温湿度传感器	1个
Hi3861	1个	蜂鸣器	1个

项目 18

便携式求助系统

项目 18

本项目通过 Hi3861 控制 LED 闪烁,实现求助功能。

18.1　总体设计

本部分包括系统架构和系统流程。

18.1.1　系统架构

系统架构如图 18-1 所示,Hi3861 开发板与外设引脚连线如表 18-1 所示。

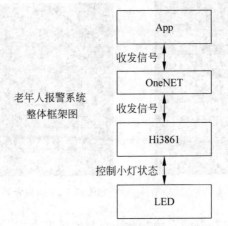

老年人报警系统
整体框架图

图 18-1　系统架构

表 18-1　Hi3861 开发板与外设引脚连线

Hi3861 开发板	LED	按键 User
GPIO2	+	
GPIO5		+
GND	−	−

18.1.2　系统流程

系统流程如图 18-2 所示。

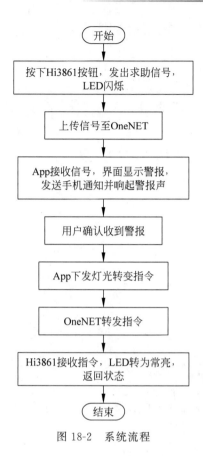

图 18-2　系统流程

18.2　模块介绍

本项目由 VSCode 和 DevEco Studio 开发，包括 LED 控制、WiFi 模块、OneNET 云平台和前端模块。下面分别给出各模块的功能介绍及相关代码。

18.2.1　LED 控制

实现 LED 亮灭/闪烁状态的相关代码如下：

```
#include <unistd.h>
#include "stdio.h"
#include "ohos_init.h"
#include "cmsis_os2.h"
#include "iot_gpio.h"
#include <stdio.h>
#include <hi_types_base.h>
#include <hi_io.h>
#include <hi_early_debug.h>
#include <hi_gpio.h>
#include <hi_task.h>
#include <hi_adc.h>
#include <hi_stdlib.h>
#define APP_DEMO_ADC
#define LED_INTERVAL_TIME_US 300000
#define LED_TEST_GPIO 9       //for hispark_pegasus
```

```
#define KEY_EVENT_NONE        0
#define KEY_EVENT_USER        1
#define ADC_TEST_LENGTH       64
//按键相关定义
hi_u16 g_adc_buf[ADC_TEST_LENGTH] = { 0 };
int key_status = KEY_EVENT_NONE;
char key_flg = 0;
//操作 ADC 读取电压值
hi_void convert_to_voltage(hi_u32 data_len)
{
    hi_u32 i;
    float vlt_max = 0;
    float vlt_min = 100;
    float vlt_val = 0;
    hi_u16 vlt;
    for (i = 0; i < data_len; i++) {
        vlt = g_adc_buf[i];
        float voltage = (float)vlt *1.8 *4 / 4096.0;   /*vlt *1.8 *4 / 4096.0: Convert
code into voltage */
        vlt_max = (voltage > vlt_max) ? voltage : vlt_max;
        vlt_min = (voltage < vlt_min) ? voltage : vlt_min;
    }
    printf("vlt_min:%.3f, vlt_max:%.3f \n", vlt_min, vlt_max);
    //取平均电压值进行按键状态判断
    vlt_val = (vlt_min + vlt_max) /2.0;
    //判断案件是否被按下，通常情况下，按键按下时平均电压值在 0.190~0.2 之间，反之平均电压值
大于 0.2
    if(vlt_val < 0.2)
        { key_status = KEY_EVENT_USER;
    }else{
        key_status = KEY_EVENT_NONE;
    }
}
//ADC 读取函数
void app_demo_adc_test(void)
{
    hi_u32 ret, i;
    hi_u16 data;   /*10*/
    memset_s(g_adc_buf, sizeof(g_adc_buf), 0x0, sizeof(g_adc_buf));
    //ADC 读取
    for (i = 0; i < ADC_TEST_LENGTH; i++) {
        ret = hi_adc_read((hi_adc_channel_index)HI_ADC_CHANNEL_2, &data, HI_ADC_EQU
_MODEL_1, HI_ADC_CUR_BAIS_DEFAULT, 0);
        if (ret != HI_ERR_SUCCESS) {
            printf("ADC Read Fail\n");
            return;
        }
        g_adc_buf[i] = data;
    }
    //进入 ADC 读取电压值函数
    convert_to_voltage(ADC_TEST_LENGTH);
}
//LED 状态声明
enum LedState {
    LED_ON,
```

```
        LED_OFF,
        LED_SPARK,
    };
enum LedState g_ledState = LED_OFF;
//LED 状态逻辑判断
static void *LedTask(const char *arg)
{
    (void)arg;
    hi_u32 ret;
    (hi_void)hi_gpio_init();
    hi_io_set_func(HI_IO_NAME_GPIO_5, HI_IO_FUNC_GPIO_5_GPIO); //uart1 rx
    ret = hi_gpio_set_dir(HI_GPIO_IDX_5, HI_GPIO_DIR_IN);
    while (1)
    {
        app_demo_adc_test();
        //根据按键状态切换 LED
        switch(key_status)
        {
            case KEY_EVENT_NONE:
            {
            }
            break;
            //当 USER 按键按下时
            case KEY_EVENT_USER:
            {
                printf("KEY_EVENT_USER \r\n");
                //LED 切换为求助状态(闪烁)
                if((g_ledState == LED_OFF)||g_ledState == LED_ON){
                    g_ledState = LED_SPARK;
                    printf(">>>>>>>>Send an SOS signal");
                }else{
                    printf(">>>>>>>>SOS information has been send out, Please wait
for answer");
                }
            }
            break;
        }
        //将 LED 状态上传到 OneNET 云平台
        if (onenet_mqtt_upload_digit("state", g_ledState) < 0)
            {
                printf("upload has an error, stop uploading");
                break;
            }
            else
            {
                printf("buffer : {\"state\":%d} \r\n", g_ledState);
            }
            sleep(1);
        //定义 LED 的 3 种状态(常亮、常灭和闪烁)
        switch (g_ledState) {
            //常亮(求助已接收)状态
            case LED_ON:
                printf("_____ >>>>>>>>>>>>>>>>>>>> ON.\n");
                IoTGpioSetOutputVal(LED_TEST_GPIO, 0);
                usleep(LED_INTERVAL_TIME_US);
```

```
                        break;
                //常灭（未出现状况）状态
                case LED_OFF:
                    printf("_____>>>>>>>>>>>>>>>>>> OFF.\n");
                    IoTGpioSetOutputVal(LED_TEST_GPIO, 1);
                    usleep(LED_INTERVAL_TIME_US);
                    break;
                //闪烁（发出求助请求）状态
                case LED_SPARK:
                    printf("_____>>>>>>>>>>>>>>>>>> SPARK.\n");
                    IoTGpioSetOutputVal(LED_TEST_GPIO, 0);
                    usleep(LED_INTERVAL_TIME_US);
                    IoTGpioSetOutputVal(LED_TEST_GPIO, 1);
                    usleep(LED_INTERVAL_TIME_US);
                    break;
                default:
                    usleep(LED_INTERVAL_TIME_US);
                    break;
            }
        }
    return NULL;
}
void led_demo(void)
{
    osThreadAttr_t attr;
    //初始化 GPIO
    IoTGpioInit(LED_TEST_GPIO);
    //设置为输出
    IoTGpioSetDir(LED_TEST_GPIO, IOT_GPIO_DIR_OUT);
    printf("_____>>>>>>>>>>>>>>>>>> Initial success.\n");
    attr.name = "LedTask";
    attr.attr_bits = 0U;
    attr.cb_mem = NULL;
    attr.cb_size = 0U;
    attr.stack_mem = NULL;
    attr.stack_size = 2048;
    attr.priority = 25;
    printf("_____>>>>>>>>>>>>>>>>>> enter.\n");
    if (osThreadNew((osThreadFunc_t)LedTask, NULL, &attr) == NULL) {
        printf("[LedExample] Falied to create LedTask!\n");
    }
}
SYS_RUN(led_demo);
```

18.2.2　WiFi 模块

实现 WiFi 连接相关代码请扫描二维码获取。

18.2.3　OneNET 云平台

本部分包括创建账号、创建产品、添加设备和相关代码。

1. 创建账号

登录网页 https//open. iot. 10086. cn/passport/reg/，按要求填写注册信息后进行实名
认证。

2. 创建产品

进入 Studio 平台后,在全部产品中选择多协议接入。单击"添加产品"按钮,在弹出页面中按照提示填写基本信息。本项目采用 MQTT 协议接入。

3. 添加设备

单击"创建的产品"按钮,进入详情页面,单击菜单栏中的设备列表,按照提示添加设备。

4. 相关代码

实现连接 OneNET 云平台的相关代码如下:

```
#include <stdio.h>
#include <unistd.h>
#include "MQTTClient.h"
#include "onenet.h"
#define ONENET_INFO_DEVID "962700652"                        //设备 ID
#define ONENET_INFO_AUTH "12345"                             //鉴权信息
#define ONENET_INFO_APIKEY "zu9RPk63sR= nwcJ80DJQRQFFWLs="   //APIkey
#define ONENET_INFO_PROID "530734"                           //产品 ID
#define ONENET_MASTER_APIKEY "2WVeENwdQka0iH6fT64dw4RH7Pg="
                                                             //Master-APIkey
extern int rand(void);
//此函数用来接收 OneNET 云平台下发的指令,在串口进行输出,并根据指令调整 LED 的状态
void onenet_cmd_rsp_cb(uint8_t * recv_data, size_t recv_size, uint8_t ** resp_data,
size_t *resp_size)
{
    printf("recv data is %.*s\n", recv_size, recv_data);
    g_ledState = LED_ON;
     printf ( " > > > > > > > > Information has been recieved, Please wait for help
patiently");
    *resp_data = NULL;
    *resp_size = 0;
}
int mqtt_test(void)
{
    //OneNET 云平台设备初始化
    device_info_init(ONENET_INFO_DEVID, ONENET_INFO_PROID, ONENET_INFO_AUTH,
ONENET_INFO_APIKEY, ONENET_MASTER_APIKEY);
    printf(">>>>>>>>>>device init success\n");
    //MQTT 传输初始化
    onenet_mqtt_init();
    printf(">>>>>>>>>>onenet init success\n");
    onenet_set_cmd_rsp_cb(onenet_cmd_rsp_cb);
    while (1)
    {
        if (onenet_mqtt_upload_digit("state", g_ledState) < 0)
            {
                printf("upload has an error, stop uploading");
                    break;
            }
            else
            {
                printf("buffer : {\"state\":%d} \r\n", g_ledState);
            }
            sleep(1);    }
    return 0;
}
```

18.2.4 前端模块

鸿蒙 App 功能包括接收求助信号数据、系统发送通知、播放警报音频、下发指令和确认收到的信号。页面设计使用 JavaScript 语言，其中，通知模块和音频模块使用 JavaScript 调用 Service Ability 实现。

1. 页面设计

使用条件渲染，当收到求助信号时，渲染警告部分。当正常时，渲染正常部分。
index.hml 相关代码如下：

```html
<div class="container">
    <text class="title">
        您的家人状态为
    </text>
    <div class="state0" >
        <text class="state01" show="{{state_0}}" > 警告 </text>
        <text class="state02" show="{{state_0}}" >您的家人发出求助信号，请立即与他联系!!!! </text>
        <
button class="btn" show="{{state_0}} " value="我已知晓" onclick="Transform">
</button>
    </div>
    <div class="state1">
        <text class="state11" show="{{state_1}}" > 正常 </text>
        <text class="state12" show="{{state_1}}" > 未发出求救，请不用担心
</text>
    </div>
</div>
```

2. 功能实现

从 OneNET 云平台接收数据流，状态数据为 1 时，表示正常状态，LED 不亮。状态数据为 0 时，表示已收到求助信号，LED 常亮。状态数据为 2 时，表示报警状态对应 LED 闪烁。当收到的状态数据为 0 或 1 时，渲染正常部分界面。当收到的状态数据为 2 时，渲染警告部分的界面，并调用音频模块和通知模块。使用定时器在 Initial 生命周期中反复调用此函数用于实时监测求助信号。

（1）接收求助信号。

```javascript
    Receive_data(){
        //用于订阅 http 响应头，此接口会比 request 请求先返回。可以根据业务需要订阅此消息
        console.info("开始请求数据")
        let httpRequest = http.createHttp();
        httpRequest.on(
'headerReceive', (err, data) => {
        if (!err) {
                console.info('响应头 header: ' + data.header);
            }
        else {
                console.info('错误 error:' + err.data);
            }
        }
);
        httpRequest.request(
```

```
        //填写 http 请求的 URL 地址,可以带参数也可以不带参数。URL 地址需要开发者自定义。
        //GET 请求的参数在 extraData 中指定
            "https://api.heclouds.com/devices/962700652/datastreams/state",
            {
                method: 'GET',
                header: {
                    'api-key':'zu9RPk63sR
=nwcJ80DJQRQFFWLs='
                },
                readTimeout: 60000,                    //允许读取时间 60s
                connectTimeout: 60000                  //允许连接时间 60s
            }
,(err, data) => {
            if (!err) {
                //data.result 为 http 响应内容,解析后获得状态数据
                console.info('返回结果 Result:' + data.result);
                var result2=JSON.parse (data.result)
                console.info("结果解析:"+result2.data.current_value)
                this.result=result2.data.current_value;
                console.info('code:' + data.responseCode);
            }
else {
                console.info('请求错误 error:' + err.data);
            }
        }
        );
        console.info("设置页面情况")
//正常情况下 OFF 状态是 1;按键按下,闪烁状态是 2;再按一下会变成常亮状态,是 0。检测到 2 的时
//候是求助信号,其他为正常
        if(this.result==2){
            console.info("求救"+this.result)
            this.state_0=true;
            this.state_1=false;
            //发出警报声
            this.Start_sound();
            //发出求救通知
            this.Set_notification();
        }
else{
            console.info("正常"+this.result)
            this.state_0=false;
            this.state_1=true;
        }
    },
```

(2) 在生命周期中反复调用如下代码:

```
onInit() {
this.Receive_data();
var that=this;
var timer=setInterval(function(){
    console.info("定时器开始循环")
    that.Receive_data()
    if(that.result == 2){
        clearInterval(timer);                          //清除定时器
        console.info
```

```
("已清除定时器")
    }
},3000
    //设置 3s 刷新一次
)
},
```

（3）发送系统通知。在 ServiceAbility 中实现发布警告通知的功能，设置级别为最高级，同时设置手机呼吸灯闪烁并振动，并在 JavaScript 页面调用此功能，相关代码如下：

```java
private void start_notification() {
        //创建 notificationSlot 对象
        NotificationSlot slot = new NotificationSlot ("slot_001", "testSlot",
NotificationSlot.LEVEL_HIGH);
        slot.setDescription("create notificationSlot description");
        slot.setLevel(NotificationSlot.LEVEL_HIGH);
        //设置振动提醒
        slot.setEnableVibration(true);
        //设置锁屏模式
slot.setLockscreenVisibleness(NotificationRequest.VISIBLENESS_TYPE_PUBLIC);
        //设置开启呼吸灯提醒
        slot.setEnableLight(true);
        //设置呼吸灯的提醒颜色
        slot.setLedLightColor(Color.RED.getValue());
        slot.enableBypassDnd(true);
        slot.enableBadge(true);
        try {
            NotificationHelper.addNotificationSlot(slot);
        } catch (RemoteException e) {
            e.printStackTrace();
        }
        //定义通知并发布
        int notificationId = 1;
        NotificationRequest request = new NotificationRequest(notificationId);
        request.setSlotId("slot_001");
        //普通文本
        String title = "警报";
        String text = "您的家人发出求助信号,请立即与他联系!!!!";
        NotificationRequest. NotificationNormalContent    content    =    new
NotificationRequest.NotificationNormalContent();
        content.setTitle(title)
              .setText(text);
        NotificationRequest. NotificationContent   notificationContent   =   new
NotificationRequest.NotificationContent(content);
        //设置通知的内容
        request.setContent(notificationContent);
        try {
            NotificationHelper.publishNotification(request);
        } catch (RemoteException e) {
            e.printStackTrace();
            HiLog.info(LABEL_LOG,"publishNotification occur exception.");
        } }
```

（4）JavaScript 页面相关代码如下：

```javascript
    Set_notification(){
        //调用 serviceability 发布通知 jsCallJavaAbility.jscallAbility('NotificationAbility',
```

```
1001,{}).then(result=>
{
            if(result.code==0){
                console.info("发布成功")
            }
        })
    },
```

（5）播放警报音频。在 ServiceAbility 中实现播放和停止警报音频的功能，使用持续时间为 10s 的 tone 音作为警报音频，并在 JavaScript 页面调用此功能，相关代码如下：

```
//实例化警报音频对象
SoundPlayer soundPlayer = new SoundPlayer();
//开始播放警报音频函数
private void start_sound(){
    HiLog.info(LABEL_LOG,"警报声加载 1");
    //创建 DTMF_0(高频 1336Hz,低频 941Hz)持续时间 1000ms 的 tone 音
    soundPlayer.createSound(ToneDescriptor.ToneType.DTMF_5, 10000);
        //tone 音播放
    HiLog.info(LABEL_LOG,"警报声加载 2");
    soundPlayer.play();
    }
//中断播放警报音频函数
private void stop_sound(){
    HiLog.info(LABEL_LOG,"警报声停止");
    soundPlayer.pause();
    soundPlayer.release();
}
```

（6）播放警报音频页面相关代码如下：

```
//开始播放警报声函数
Start_sound(){
    //调用 serviceability 发送警报 jsCallJavaAbility. jscallAbility
('NotificationAbility',1002,{}).then(result=>{
        if(result.code==0){
            console.info("开始警报")
        }
    })},
//中断警报函数
Stop_sound(){
    //调用 serviceability 中断警报
jsCallJavaAbility.jscallAbility('NotificationAbility',1003
,{}).then(result=>{
        if(result.code==0){
            console.info("已停止警报")
        }
    })
},
```

（7）下发指令。通过 OneNET 云平台下达指令，控制 Hi3861 的 LED 变为常亮状态，相关代码如下：

```
            //发送命令表示已收到警报,控制灯的闪烁状态
    Control_led(){
        console.info("开始发送命令")
        //每个 httpRequest 对应一个 http 请求任务,不可复用
```

```
            let httpRequest = http.createHttp();
            //用于订阅 HTTP 响应头,此接口会比 request 请求先返回,可以根据业务需要订阅此消息
            httpRequest.on(
'headerReceive', (err, data) => {
            if (!err) {
                console.info('header: ' + data.header);
            } else {
                console.info('error:' + err.data);
            }
        }
    );
        httpRequest.request(
            //填写 HTTP 请求的 URL 地址,可以带参数也可以不带参数。URL 地址需要开发者自定
            //义,GET 请求的参数可以在 extraData 中指定
            "https://api.heclouds.com/cmds?device_id=962700652",
            {
                method: 'POST',
                //开发者根据自身业务需要添加 header 字段
                header: {
                    'Content-Type': 'application/json',
                    'api-key':'zu9RPk63sR
=nwcJ80DJQRQFFWLs='
                },
                //传递命令,0 代表收到警报,控制灯返回正常闪烁状态
                extraData: "0",
                readTimeout: 60000, //可选,默认为 60000ms
                connectTimeout: 60000 //可选,默认为 60000ms
            },(err, data) => {
                if (!err) {
                    //data.result 为 http 响应内容,可根据业务需要进行解析
                    console.info('命令发送成功 Result:' + data.result);
                    console.info('code:' + data.responseCode);
                    //data.header 为 http 响应头,可根据业务需要进行解析
                    console.info('header:' + data.header);
                }
        else {
                    console.info('命令发送失败 error:' + err.data);
                }
            }
    );
    },
```

（8）确认收到的信号。当接收者收到信号时,单击"我已知晓"按钮确认。按钮触发事件调用音频控制函数中断警报声,下达控制 LED 的指令,并在 2s 后重新开始接收信号的循环。

```
//单击"我已知晓"按钮,改变 LED 的闪烁情况,表示已经收到通知
    Transform(){
        this.result=0;
        //发布指令,通过 OneNET 控制 LED 变为常亮状态
        this.Control_led();
        //上传 state 数据流为 0,代表此时 LED 的状态是 0,常亮
        this.Post_switch();
```

```
//中断警报声
this.Stop_sound();
var that=this;
//延时重新开始接收信号的循环
setTimeout(function(){
    that.onInit();
},2000)
},
```

18.3　成果展示

Hi3861 开发板的实现效果如图 18-3 所示,串口监视器效果如图 18-4 所示,App 正常状态如图 18-5 所示,App 接收到警报状态页面效果如图 18-6 所示。

图 18-3　Hi3861 开发板实现效果

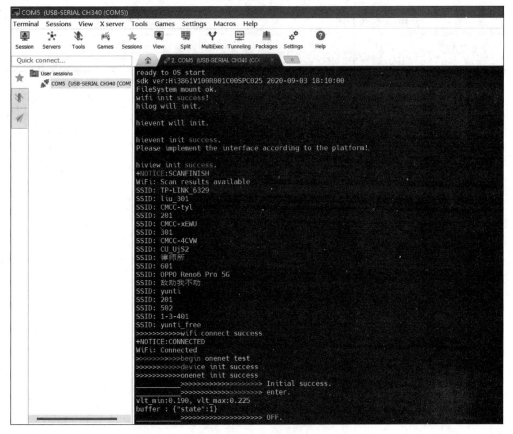

图 18-4　串口监视器效果

图 18-5　正常状态

图 18-6　警告状态

18.4　元件清单

完成本项目所需的元件及数量如表 18-2 所示。

表 18-2　元件清单

元件/测试仪表	数　　量
Type-c 数据线	1 条
HiSpark_WiFi_loT_Hi3861_CH340G_VER. C	1 块

智 能 大 棚

本项目通过鸿蒙 App 显示 Hi3861 开发板连接的温湿度传感器以及光强传感器数值,实现控制风扇电机降低温湿度、点亮 LED 补光。

19.1　总体设计

本部分包括系统架构和系统流程。

19.1.1　系统架构

系统架构如图 19-1 所示。

19.1.2　系统流程

系统流程如图 19-2 所示。

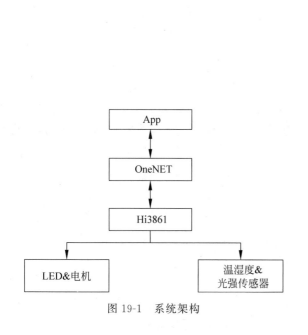

图 19-1　系统架构

图 19-2　系统流程

19.2　模块介绍

本项目由 VSCode 和 DevEco Studio 开发,包括硬件控制、WiFi 模块、OneNET 云平台和前端模块。下面分别给出各模块的功能介绍及相关代码。

19.2.1 硬件控制

该模块主要实现传感器数据的读取，根据大小范围控制 LED 以及风扇电机，通过 MQTT 将数据上传至 OneNET 云平台。

（1）元件数据读取与控制。此函数主要实现从光强传感器、温湿度传感器读取数据，并根据数据控制 LED 以及风扇电机。

```
static void Sensor_Read_Task(void)
{
    E53_IA1_Init();
    while (1)
    {
        E53_IA1_Read_Data();                              //读取传感器数据
        if( E53_IA1_Data.Lux < 20 )
        {
            Light_StatusSet(ON);                          //亮度过低,自动亮灯
        }
        else
        {
            Light_StatusSet(OFF);
        }
        if( (E53_IA1_Data.Humidity > 70) | (E53_IA1_Data.Temperature > 35) )
        {
            Motor_StatusSet(ON);                          //湿度过高或温度过高,打开风扇电机
        }
        else
        {
            Motor_StatusSet(OFF);
        }
        sleep(2);
    }
}
```

（2）使用 MQTT 协议连接云平台。在使用相关功能前，需要初始化云平台信息（设备编号、API Key 等），并且使用 MQTT 协议建立与云平台的连接，若失败则返回不同类型的失败代码。

```
int onenet_mqtt_init(void)                        //OneNET 初始化函数
{
    int result = 0;
    if (init_ok)                                  //已经初始化
    {
        LOG_D("onenet mqtt already init!");
        return 0;
    }
    if (onenet_get_info() < 0)                     //获取信息(包括 API Key 等)失败
    {
        result = -1;                              //返回错误代码-1
        goto __exit;
    }
    onenet_mqtt.onenet_info = &onenet_info;        //记录获取的信息
    onenet_mqtt.cmd_rsp_cb = NULL;
```

```
        if (onenet_mqtt_entry() < 0)                //若 MQTT 连接 OneNET 失败
        {
            result = -2;                             //返回错误代码-2
            goto __exit;
        }
__exit:
    if (!result)
    {
        init_ok = 0;
        //初始化成功
    }
    else
    {
        LOG_E("initialize failed(%d).", result);
        //将失败信息打印在 LOG 中
    }
    return result;
}
```

（3）借助 MQTT 协议向指定 TOPIC 发送信息，如果失败返回错误代码−1。

```
int onenet_mqtt_publish(const char *topic, const uint8_t *msg, size_t len)
{
    MQTTMessage message;
    LOS_ASSERT(topic);
    LOS_ASSERT(msg);
    //消息初始化
    message.qos = QOS1;
    message.retained = 0;
    message.payload = (void *) msg;
    message.payloadlen = len;
    if (MQTTPublish(&mq_client, topic, &message) < 0)   //MQTT 发布失败
    {
        return -1;                                       //返回错误代码-1
    }
    return 0;
}
```

（4）初始化上传的 cJSON 对象，以及在 buffer 中预留出需要上传的信息空间等，如果创建失败则返回错误代码−2，如果成功则进入 MQTT 数据上传阶段。

```
static int onenet_mqtt_get_digit_data(const char *ds_name, const double digit, char
**out_buff, size_t *length)                          //上传准备函数
{
    int result = 0;
    cJSON *root = NULL;
    char *msg_str = NULL;
    LOS_ASSERT(ds_name);
    LOS_ASSERT(out_buff);
    LOS_ASSERT(length);
    root = cJSON_CreateObject();                      //创造 cJSON 对象
    if (!root)
    {
        LOG_E("MQTT publish digit data failed! cJSON create object error return
NULL!");
        return -2;
        //如果创建 cJSON 对象失败，打印 LOG 并返回错误代码-2
```

```
        }
        cJSON_AddNumberToObject(root, ds_name, digit);
        //将 cJSON 结构转换至 buffer
        msg_str = cJSON_PrintUnformatted(root);
        if (!msg_str)
        {
            LOG_E("MQTT publish digit data failed! cJSON print unformatted error return
NULL!");
            //未格式化出现错误,返回错误代码-2
            result = -2;
            goto __exit;
        }
        *out_buff = ONENET_MALLOC(strlen(msg_str) + 3);
        //为了输出 buffer 预留出空间
        if (!(*out_buff))
        {
            LOG_E("ONENET mqtt upload digit data failed! No memory for send buffer!");
            //空间已满,返回错误代码-2
            return -2;
        }
        strncpy(&(*out_buff)[3], msg_str, strlen(msg_str));
        *length = strlen(&(*out_buff)[3]);
        //MQTT 头部以及 Json 的长度
        (*out_buff)[0] = 0x03;
        (*out_buff)[1] = (*length & 0xff00) >> 8;
        (*out_buff)[2] = *length & 0xff;
        *length += 3;
    __exit:
        if (root)
        {
            cJSON_Delete(root);
        }
        if (msg_str)
        {
            cJSON_free(msg_str);
        }
        return result;
    }
```

（5）通过 MQTT 协议将数据上传至 OneNET，失败则退出；成功则上传至指定 TOPIC，如果上传失败则 LOG 打印错误信息，并释放空间。

```
int onenet_mqtt_upload_digit(const char *ds_name, const double digit)
//MQTT 上传数字至 OneNET
{
    char *send_buffer = NULL;
    int result = 0;
    size_t length = 0;
    LOS_ASSERT(ds_name);
    result = onenet_mqtt_get_digit_data(ds_name, digit, &send_buffer, &length);
                                            //MQTT 上传数据准备
    if (result < 0)                         //如果失败,停止上传
    {
        goto __exit;
    }
    result = onenet_mqtt_publish(ONENET_TOPIC_DP, (uint8_t *)send_buffer, length);
```

```
                                                   //上传至指定 TOPIC
    if (result < 0)
    {
        LOG_E("onenet publish failed (%d)!", result);
        goto __exit;
        //上传失败,LOG 打印失败信息
    }
__exit:
    if (send_buffer)
    {
        ONENET_FREE(send_buffer);                   //上传失败,将缓存区的空间释放
    }
    return result;
}
```

（6）数据上传时,需要先建立 WiFi 连接,并初始化设备、完成 OneNET 连接,成功后建立循环,持续上传温湿度、光强数据。

```
void MQTT_Report_Task(void)
{
    WifiConnect(Wifi_SSID, Wifi_PASSWORD);      //根据预设好的用户名密码连接 WiFi
    device_info_init(ONENET_INFO_DEVID, ONENET_INFO_PROID, ONENET_INFO_AUTH,
ONENET_INFO_APIKEY, ONENET_MASTER_APIKEY);      //初始化设备
    onenet_mqtt_init();                         //初始化 OneNET 连接
    onenet_set_cmd_rsp_cb(onenet_cmd_rsp_cb);
    while (1)
    {
onenet_mqtt_upload_digit("Temperature", (int)E53_IA1_Data.Temperature);
//上传温度数据
onenet_mqtt_upload_digit("Humidity", (int)E53_IA1_Data.Humidity);
//上传湿度数据
onenet_mqtt_upload_digit("Luminance", (int)E53_IA1_Data.Lux);
//上传光强数据
sleep(1);
    }
}
```

19.2.2　WiFi 模块

本部分包括初始化、轮询查找列表、获取连接结果和主函数连接。

1. 初始化

主要依赖于内置 WiFi 事件处理类的属性。首先,将其进行初始化;然后,使用注册 WiFi 事件函数,输入处理类的对象,判断其输出,若输出 WIFI_SUCCESS,则表明初始化成功;反之则失败。

```
static void WiFiInit(void)
{
    printf("<--Wifi Init-->\r\n");
    //初始化 WiFi 事件处理类的属性
    g_wifiEventHandler.OnWifiScanStateChanged=OnWifiScanStateChangedHandler;
    g_wifiEventHandler.OnWifiConnectionChanged=OnWifiConnectionChangedHandler;
    g_wifiEventHandler.OnHotspotStaJoin=OnHotspotStaJoinHandler;
    g_wifiEventHandler.OnHotspotStaLeave=OnHotspotStaLeaveHandler;
    g_wifiEventHandler.OnHotspotStateChanged=OnHotspotStateChangedHandler;
```

```
error = RegisterWifiEvent(&g_wifiEventHandler);    //注册 WiFi 事件
if (error != WIFI_SUCCESS)
{
    printf("register wifi event fail!\r\n");
    //连接失败，输出
}
else
{
    printf("register wifi event succeed!\r\n");
    //连接成功，输出
}
}
```

2. 轮询查找列表——获取扫描结果

在进行 WiFi 连接时，需要轮询查找列表，若在预设好的最长等待时间之内查找成功，则输出成功并退出循环；若循环结束后未退出，则证明预设时间内未查到，输出扫描失败提示。

```
static void WaitScanResult(void)          //获取扫描结果函数
{
    int scanTimeout = DEF_TIMEOUT;          //初始化最长等待时间
    while (scanTimeout > 0)
    {
        sleep(ONE_SECOND);
        scanTimeout--;
        if (g_staScanSuccess == 1)          //在有效时间内，如果成功则输出并退出循环
        {
            printf("WaitScanResult: wait success[%d]s\n", (DEF_TIMEOUT -
scanTimeout));
            break;
        }
    }
    if (scanTimeout <= 0)                    //如果未退出循环，证明超出最长等待时间，失败
    {
        printf("WaitScanResult:timeout!\n");
    }
}
```

3. 获取连接结果

与获取扫描结果同理，在进行连接时，需要获取连接结果函数，如果在预设好的最长等待时间之内获得结果，则输出成功提示并退出循环，返回值为 1；如果循环结束后未退出，则证明预设时间内未查找到，输出扫描失败提示，返回值为 0。

```
static int WaitConnectResult(void)         //获取 WiFi 连接结果函数
{
    int ConnectTimeout = DEF_TIMEOUT;        //初始化最长等待时间
    while (ConnectTimeout > 0)
    {
        sleep(ONE_SECOND);
        ConnectTimeout--;
        if (g_staScanSuccess == 1)          //在有效时间内，如果成功则输出并退出循环
        {
            printf("WaitConnectResult: wait success[%d]s\n", (DEF_TIMEOUT -
ConnectTimeout));
            break;
        }
```

```
    }
    if (ConnectTimeout <= 0)
    {
        printf("WaitConnectResult:timeout!\n");  //如果未退出循环,证明超出最长等待时
                                                  //间,失败,返回 0
        return 0;
    }
    return 1;                              //成功则返回 1
}
```

4. 函数连接

函数构建步骤如下:

(1) 通过 RegisterWifiEvent 接口向系统注册扫描状态监听函数,用于接收通知。例如,扫描动作是否完成等。

(2) 调用 EnableWiFi 接口,使能 WiFi。

(3) 调用 AddDeviceConfig 接口,配置连接的热点信息。

(4) 调用 ConnectTo 接口,连接到指定 networkId 的热点。

(5) 调用 WaitConnectResult 接口等待,本函数中会有 15s 的时间去轮询连接成功标志位 g_ConnectSuccess,当 g_ConnectSuccess 为 1 时退出等待。

(6) 调用 netifapi_netif_find 接口,获取 netif 用于 IP 操作。

(7) 调用 dhcp_start 接口,启动 DHCP,获取 IP。

相关代码如下:

```
int WifiConnect(const char *ssid, const char *psk)
{
    WifiScanInfo *info = NULL;
    unsigned int size = WIFI_SCAN_HOTSPOT_LIMIT;
    static struct netif *g_lwip_netif = NULL;
    osDelay(200);
    printf("<--System Init-->\r\n");
    //初始化 WiFi
    WiFiInit();
    //使能 WiFi
    if (EnableWifi() != WIFI_SUCCESS)
    {
        printf("EnableWifi failed, error = %d\r\n", error);
        return -1;
    }
    //判断 WiFi 是否激活
    if (IsWifiActive() == 0)
    {
        printf("Wifi station is not actived.\r\n");
        return -1;
    }
    //分配空间,保存 WiFi 信息
    info = malloc(sizeof(WifiScanInfo) * WIFI_SCAN_HOTSPOT_LIMIT);
    if (info == NULL)
    {
        return -1;
    }
    //轮询查找 WiFi 列表
    do{
```

```
        //重置标志位
        ssid_count = 0;
        g_staScanSuccess = 0;
        //开始扫描
        Scan();
        //等待扫描结果
        WaitScanResult();
        //获取扫描列表
        error = GetScanInfoList(info, &size);
    }while(g_staScanSuccess != 1);
    //打印 WiFi 列表
    printf("*******************\r\n");
    for(uint8_t i = 0; i < ssid_count; i++)
    {
        printf("no:%03d, ssid:%-30s, rssi:%5d\r\n", i+1, info[i].ssid, info[i].rssi/
100);
    }
    printf("*******************\r\n");
        //连接指定的 WiFi 热点
    for(uint8_t i = 0; i < ssid_count; i++)
    {
        if (strcmp(ssid, info[i].ssid) == 0)
        {
            int result;
            printf("Select:%3d wireless, Waiting...\r\n", i+1);
            //复制需连接的热点信息
            WifiDeviceConfig select_ap_config = {0};
            strcpy(select_ap_config.ssid, info[i].ssid);
            strcpy(select_ap_config.preSharedKey, psk);
            select_ap_config.securityType = SELECT_WIFI_SECURITYTYPE;
            if (AddDeviceConfig(&select_ap_config, &result) == WIFI_SUCCESS)
            {
                if (ConnectTo(result) == WIFI_SUCCESS && WaitConnectResult() == 1)
                {
                    printf("WiFi connect succeed!\r\n");
                    g_lwip_netif = netifapi_netif_find(SELECT_WLAN_PORT);
                    break;
                }
            }
        }
        if(i == ssid_count-1)
        {
            printf("ERROR: No wifi as expected\r\n");
            while(1) osDelay(100);
        }
    }
    //启动 DHCP
    if (g_lwip_netif)
    {
        dhcp_start(g_lwip_netif);
        printf("begain to dhcp\r\n");
    }
    //等待 DHCP
    for(;;)
    {
```

```
        if(dhcp_is_bound(g_lwip_netif) == ERR_OK)
        {
            printf("<-- DHCP state:OK -->\r\n");
            //输出获取到的 IP 信息
            netifapi_netif_common(g_lwip_netif, dhcp_clients_info_show, NULL);
            break;
        }
        printf("<-- DHCP state:Inprogress -->\r\n");
        osDelay(100);
    }
    osDelay(100);
    return 0;
}
```

19.2.3 OneNET 云平台

本部分包括创建账号、创建产品、添加设备和 API 获取。

1. 创建账号

登录网页 https://open.iot.10086.cn/passport/reg/，按要求填写注册信息后进行实名认证。

2. 创建产品

进入 Studio 平台后，在全部产品中选择多协议接入。单击"添加产品"按钮，在弹出页面中按照提示填写基本信息。本项目采用 MQTT 协议接入。

3. 添加设备

单击"创建的产品"按钮，进入详情页面，单击菜单栏中的设备列表，按照提示添加设备。

4. API 获取

根据编号查询属性的请求接口为：http://api.heclouds.com/devices/963208646/datapoints?，其中 963208646 为设备编号，如图 19-3 所示。

图 19-3 设备详情

登录网站 apipost 进行调试，请求方法为 GET，在 Header 中写入设备的 api-key，如图 19-4 所示。

返回的 Json 如下，包含温度、湿度以及光强数据。

```
{
    "errno": 0,
    "data": {
        "count": 3,
        "datastreams": [
```

图 19-4　API 设置

```
{
    "datapoints": [
        {
            "at": "2022-06-25 02:04:48.784",
            "value": 29
        }
    ],
    "id": "Temperature"
},
{
    "datapoints": [
        {
            "at": "2022-06-25 02:04:47.273",
            "value": 4
        }
    ],
    "id": "Luminance"
},
{
    "datapoints": [
        {
            "at": "2022-06-25 02:04:46.743",
            "value": 31
        }
    ],
    "id": "Humidity"
}
]
},
"error": "succ"
}
```

（1）根据 data. datastreams[0]. datapoints[0]. value 获取温度数据。

（2）根据 data. datastreams[2]. datapoints[0]. value 获取湿度数据。

（3）根据 data. datastreams[1]. datapoints[0]. value 获取光强数据。

19.2.4　前端模块

考虑到可移植性,使用 JavaScript 构建鸿蒙 App 页面。index. css 负责界面表现,例如,字体大小、颜色和对齐方式等信息;index. hml 负责界面的结构,例如,显示的内容等;index. js 负责界面的行为逻辑,实现发送 http 请求,从 API 获取数据并将其显示到界面上,并根据数值判断条件是否适宜,若不适宜则更改文字提醒用户。

1. index. css 界面表现

由于布局的传统解决方案,基于盒状模型,依赖 display、position 和 float 属性,对于特殊布局非常不方便。例如，垂直居中很难实现。因此，使用 flex 布局，利用 justify-content 及 align-content 设置水平垂直居中。同时考虑到代码的复用性与效率，使用类选择器，每次设定一类布局表现，相关代码如下：

```
//index.css
.container {
    height: 100%;
    flex-direction: row;
    flex-wrap: wrap;
    justify-content: center;
    align-items: center;
    align-content: center;
    background-color: black;
}
.container .content{
    width: 600px;
    flex-wrap: wrap;
    align-items: center;
    padding: 10px;
    margin: 25px 20px;
    background-color: #f90;
    border-radius: 8px;
    color: black;
}
.container .content .title {
    width: 580px;
    margin-bottom: 20px;
}
.container .content .title .text {
    width: 580px;
    text-align: center;
    font-size: 60px;
}
.container .content .data-box {
    flex-direction: row;
    flex-wrap: wrap;
    justify-content: space-around;
}
.container .content .data-box .text{
    font-size: 30px;
}
.container .content .data-box .num{
    font-size: 30px;
}
.code{
    width: 580px;
    text-align: center;
    color: white
}
```

2. index.hml 界面结构
将变量写入双括号内以便在界面中显示，相关代码如下：

```
<!- index.hml -->
    <div class="container">
```

```
<div class="content">
    <div class="data-box">
        <div>
            <text class="text">实时温度:</text>
            <text class="num">{{home_temperature}}</text>
            <text class="symbol">°C</text>
        </div>
        <div>
            <text class="text">实时光照:</text>
            <text class="num">{{home_luminance}}</text>
            <text class="symbol">lx</text>
        </div>
        <div>
            <text class="text">实时湿度:</text>
            <text class="num">{{home_humidity}}</text>
            <text class="symbol">%</text>
        </div>
    </div>
</div>
<div>
    <text class="code">{{code}}</text>
</div>
<div>
    <text class="code">{{code1}}</text>
</div>
<div>
    <text class="code">{{code2}}</text>
</div>
</div>
```

3. index.js 界面逻辑

实现发送 http 请求，从 API 获取数据并将其显示到界面上，并根据数值判断是否适宜，若不适宜则更改文字提醒用户。实现方式如下：首先，进行界面初始化时，同时设定间隔为 1s 的计时器，每过 1s 发送 1 次 http 请求，将 API Key 写入 header，请求方法设定为 GET，如果成功则获取数据，将其更新在界面上，并根据获取的数据大小更新提醒，例如，温度大于 35℃ 时，显示温度过高。

```
//index.js
import fetch from '@system.fetch';
export default {
    data: {
        home_temperature: 0,           //温度初始化
        home_luminance: 0,             //光照强度初始化
        home_humidity: 0,              //湿度初始化
        code: -1,                      //提示码 1(湿度状态提示码)
        code1: -1,                     //提示码 2(温度状态提示码)
        code2: -1,                     //提示码 3(光照状态提示码)
    },
    onInit() {
        //初始化
        let _this = this
        //setInterval 计时器中的 this 指向其调用者,而不是页面本身的 this,因此先将本身
        //的 this 保存为 _this
        //OneNET 的设备 API
```

```
        const url =
"http://api.heclouds.com/devices/963208646/datapoints?"
        //每秒从 API 读取数据并更新到前端页面
        setInterval
( function() {
                fetch.fetch(
{
        url: url,
        header:{
            'api-key':'p5RHQzujasGQc3uy=AJ7SblaaZE=',
//在 header 中保存 API Key 才能查询到信息
        },
        method :'GET',            //使用 GET 方法获取
        responseType: 'json',
        success: function(response) {
            let sence =   response.data;
            let obj = (Function( "return " + sence))()
            _this.home_temperature=obj.data.datastreams[0].datapoints[0].
value;
            _this.home_luminance=obj.data.datastreams[1].datapoints[0].
value;
            _this.home_humidity=obj.data.datastreams[2].datapoints[0].
value;
            if(_this.home_humidity>70)
                _this.code="湿度过高"
            else _this.code="湿度适宜"
            if(_this.home_temperature<35)
            _this.code1="温度适宜"
            else _this.code1="温度过高"
            if(_this.home_luminance>100)
            _this.code2="光照适宜"
            else _this.code2="光照较暗,请开灯"
        },
        fail: function(data, code) {
            console.info("FAILED")
        },
}
)
;
    }
,1000)
    }
}
```

19.3　成果展示

　　开发板与传感器的连接效果如图 19-5 所示,直接将温湿度传感器以及光强传感器集成套件与 Hi3861 开发板连接。

　　代码烧录后按下 reset 按键即可开始工作,OneNET 云平台显示结果如图 19-6 所示;OneNET 云平台上显示设备在线,并成功接收到最新数据,如图 19-7 所示。

　　在虚拟设备上运行 App,显示出实时的温度、湿度、光照及数据生成的提示信息,如图 19-8 所示。

图 19-5　Hi3861 连接传感器

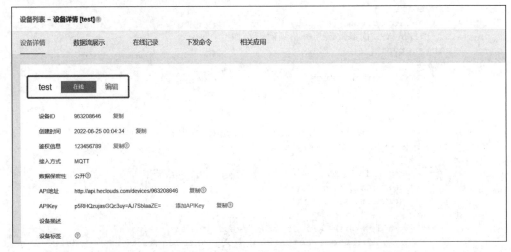

图 19-6 设备详情

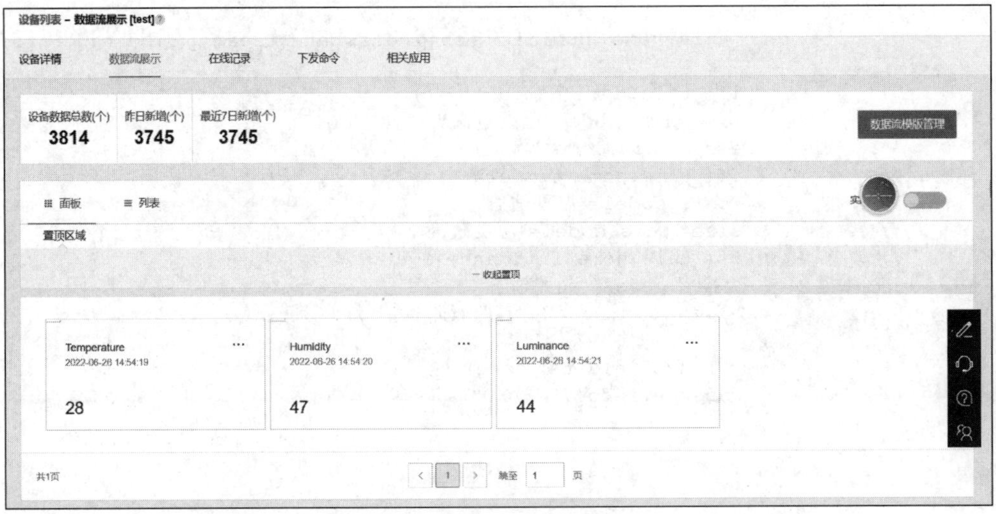

图 19-7 设备数据流

图 19-8 App 页面效果

当光强较低时，如图 19-9 所示，LED 自动点亮，界面提示光照较暗。

使用手机手电筒模拟强光情况，如图 19-10 所示，LED 自动熄灭，界面显示光照适宜。

温度低于 35℃时，风扇电机未开启，界面显示温度适宜，如图 19-11 所示；温度高于 35℃时，风扇电机自动打开，界面显示温度过高，如图 19-12 所示；湿度低于 70％时，风扇电机未开

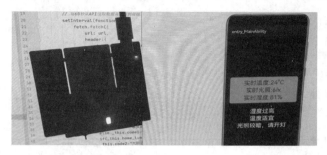

图 19-9　弱光条件演示

图 19-10　强光条件演示

启，界面显示湿度适宜，如图 19-13 所示；湿度高于 70% 时，风扇电机自动打开，界面显示湿度过高，如图 19-14 所示。

图 19-11　常温条件演示

图 19-12　高温条件演示

图 19-13　正常湿度条件演示

图 19-14　高湿度条件演示

19.4　元件清单

完成本项目所需的元件及数量如表 19-2 所示。

表 19-2　元件清单

元件/测试仪表	数　量	元件/测试仪表	数　量
LED	1个	光照强度传感器	1个
风扇电机	1个	Hi3861	1个
温湿度传感器	1个		

项目 20

健康监测系统

项目 20

本项目基于红外避障和 SW-520D 角度倾斜传感器，获取老人姿态角以及与他人之间的距离，将数据传输到 Hi3861 开发板，实现健康监测功能。

20.1　总体设计

本部分包括系统架构和系统流程。

20.1.1　系统架构

系统架构如图 20-1 所示，Hi3861 开发板与外设引脚连线如表 20-1 所示。

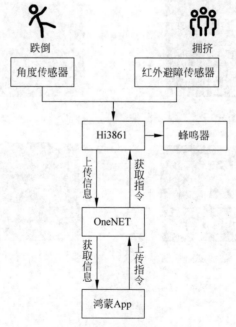

图 20-1　系统架构

表 20-1　Hi3861 开发板与外设引脚连线

Hi3861 开发板	有源蜂鸣器	SW-520D 角度倾斜传感器	红外避障传感器
GPIO10	I/O		
GPIO11		DO	
GPIO12			OUT
GND	GND	GND	GND
USB_5V	VCC	VCC	VCC

通过 SW-520D 角度倾斜传感器判断老人是否摔倒,如果发生摔倒将高电平信号传输到 Hi3861 开发板,反之则是低电平;通过红外避障传感器判断老人是否处于拥挤的环境中,如果有人靠近则将低电平信号传输到 Hi3861 开发板,反之则是高电平。开发板将收集到的模拟信号通过 ADC 转换为数字信号,并对数据进行分析,判断老人当前状态是否危险,若危险则会触发蜂鸣器报警。

同时 Hi3861 将收集到的数据处理后上传到 OneNET 云平台供 App 端实时获取,在 App 页面展示老人当前状态。另外,App 端可以将传输开/关蜂鸣器的指令到 OneNET 云平台,Hi3861 不断读取指令,实现对蜂鸣器的控制。

20.1.2　系统流程

系统流程如图 20-2 所示。本系统分为鸿蒙 App 和硬件端。首先,Hi3861 使用红外避障

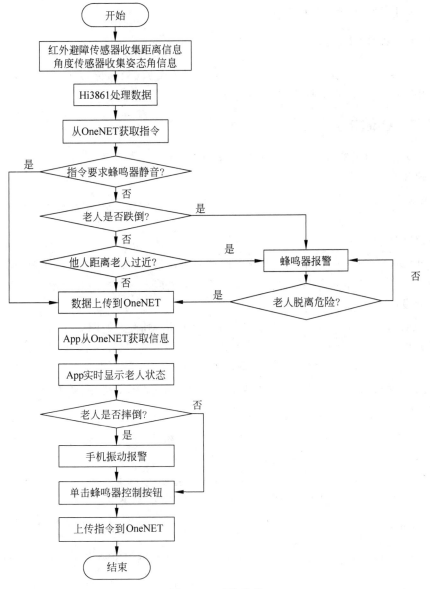

图 20-2　系统流程

传感器、角度倾斜传感器分别收集距离信息、姿态角信息；然后，Hi3861 对收集到的数据进行处理，并从 OneNET 平台获取 App 端指令。如果 App 端要求将蜂鸣器静音，那么 Hi3861 直接将处理后的数据传输到 OneNET 云平台；否则 Hi3861 先判断老人的目前状况是否安全，如果跌倒或身处拥挤的地方有风险时，蜂鸣器会报警直至老人脱离风险。

App 端从 OneNET 云平台上获取到硬件端上传的数据并实时展示老人状态在 App 界面上。同时根据获取到的数据，判断老人是否摔倒，如果摔倒手机会通过振动提醒用户老人摔倒需要帮助。最后，通过 App 控制蜂鸣器的按钮上传指令到 OneNET 云平台。

20.2　模块介绍

本项目由 VSCode 和 DevEco Studio 开发，硬件端有 WiFi 模块、OneNET 云平台、GPIO 数据获取和蜂鸣器控制模块；App 端有接收数据、发送指令、振动模块和颜色解析模块。下面分别给出各模块的功能介绍及相关代码。

20.2.1　WiFi 模块

在 hi_wifi_start_connect 函数中设置 WiFi 的名称和密码，后面设置的长度要与名称、密码的长度相匹配，相关代码请扫描二维码获取。

20.2.2　OneNET 云平台

本部分包括创建账号、创建产品、添加设备和相关代码。

1. 创建账号

登录网页 https://open.iot.10086.cn/passport/reg/，按要求填写注册信息后进行实名认证。

2. 创建产品

进入 Studio 平台后，在全部产品服务中选择多协议接入。单击"添加产品"按钮，在弹出页面中按照提示填写产品信息。本项目采用 MQTT 协议接入，如图 20-3 所示。

3. 添加设备

单击"设备管理"，选择"添加设备"，按照提示填写相关信息，如图 20-4 所示。

4. 相关代码

从 OneNET 云平台上获得是否开启蜂鸣器的指令，开启指令为"000"，关闭指令为"111"，当收到指令后，通过与"100"比较大小，如果小于"100"，则将标志位 jud 赋值为 1，开启蜂鸣器。相关代码如下：

```
void onenet_cmd_rsp_cb(uint8_t * recv_data, size_t recv_size, uint8_t * * resp_data,
size_t * resp_size)
{
    printf("recv data is %.*s\n", recv_size, recv_data);
    if (strcmp(recv_data, "100") < 0)        //检测到接收数据中有对应字符串则执行
    {
        jud=1;                               //开启蜂鸣器
    }
    if (strcmp(recv_data, "100") > 0)        //检测到接收数据中有对应字符串则执行
    {
        jud=0;                               //关闭蜂鸣器
    }
```

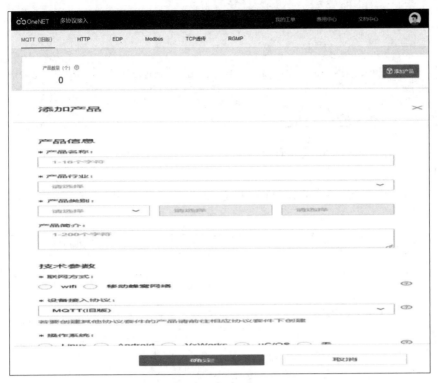

图 20-3　创建产品

图 20-4　添加设备

```
*resp_data = NULL;
*resp_size = 0;
}
```

此外,将传感器获取的信息上传到 OneNET 云平台,分别命名为 flag1 和 flag2,相关代码如下:

```
if (onenet_mqtt_upload_digit("flag1", value1) < 0 || onenet_mqtt_upload_digit("
flag2", value2) < 0)//将两个传感器数值上传至 OneNET
    {
    printf("upload has an error, stop uploading");
```

```
//break;
}
else
{
printf("buffer : {\"flag1\":%d\"flag2\":%d} \r\n", value1,value2);
}
```

20.2.3　GPIO 数据获取

本部分包括引脚分配和相关代码。

1. 引脚分配

查阅 Hi3861 的引脚图和 GPIO 可复用成 ADC 的通道，如图 20-5 所示；Hi3861 引脚如图 20-6 所示。

Pin	管脚名称	复用信号
6	GPIO_04	ADC1
17	GPIO_05	ADC2
19	GPIO_07	ADC3
27	GPIO_09	ADC4
29	GPIO_11	ADC5
30	GPIO_12	ADC0
31	GPIO_13	ADC6

图 20-5　GPIO 可复用成 ADC 的通道

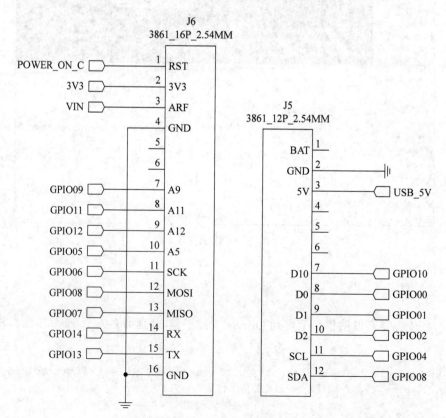

图 20-6　Hi3861 引脚图

Hi3861 提供 8 个 ADC 通道,其中通道 7 不能进行转换,通道 4 已经被占用,所以 SW-520D 角度倾斜传感器使用的是通道 5,对应 GPIO11,红外避障传感器使用的是通道 0,对应 GPIO12。

2. 相关代码

首先,将对应的 GPIO 设置为输入格式,从而获得传感器的数值;其次,进行 ADC 数模转换得到数字量。相关代码如下:

```
//读取倾斜角传感器数值
static hi_u16 AdcGpioTask_1(){
    hi_u16 value;
    hi_io_set_func(HI_GPIO_IDX_11, HI_IO_FUNC_GPIO_11_GPIO);   //GPIO11  ADC5
    hi_gpio_set_dir(HI_GPIO_IDX_11, HI_GPIO_DIR_IN);
    if(hi_adc_read(HI_ADC_CHANNEL_5, &value, HI_ADC_EQU_MODEL_8, HI_ADC_CUR_BAIS_
DEFAULT, 0) != HI_ERR_SUCCESS){
        printf("ADC1 read error!\n");
    }else{
        printf("ADC1_VALUE = %d\n", (unsigned int)value);
    }
    return value;
}
//读取红外测距传感器数值
static hi_u16 AdcGpioTask_2(){
    hi_u16 value;
    hi_io_set_func(HI_GPIO_IDX_12, HI_IO_FUNC_GPIO_12_GPIO);   //GPIO12  ADC0
    hi_gpio_set_dir(HI_GPIO_IDX_12, HI_GPIO_DIR_IN);
    if(hi_adc_read(HI_ADC_CHANNEL_0, &value, HI_ADC_EQU_MODEL_8, HI_ADC_CUR_BAIS_
DEFAULT, 0) != HI_ERR_SUCCESS){
        printf("ADC2 read error!\n");
    }else{
        printf("ADC2_VALUE = %d\n", (unsigned int)value);
    }
    return value;
}
```

20.2.4　蜂鸣器控制

定义蜂鸣器的 GPIO 并设置为输出。

```
//定义蜂鸣器 GPIO
IoTGpioInit(BUZ_GPIO);
IoTGpioSetDir(BUZ_GPIO,IOT_GPIO_DIR_OUT);
```

根据传感器接收的数据和 OneNET 云平台下发的指令,判断蜂鸣器是否报警。当老人摔倒,即 value1 > 2000 并且云平台下发开启蜂鸣器指令时,对应的 GPIO 输出高电平,蜂鸣器报警;当老人处于拥挤环境时,即 value2 < 200 并且云平台下发开启蜂鸣器指令时,对应的 GPIO 交叉 3 次输出高低电平,蜂鸣器响 3 下。相关代码如下:

```
if (value1>2000&&jud==1){
        IoTGpioSetOutputVal(BUZ_GPIO, 1);
        }
        //老人处于拥挤环境,蜂鸣器响 3 下
        else if(value2<200&&jud==1){
        IoTGpioSetOutputVal(BUZ_GPIO, 1);
```

```
            usleep(1000000);
            IoTGpioSetOutputVal(BUZ_GPIO, 0);
            usleep(1000000);
            IoTGpioSetOutputVal(BUZ_GPIO, 1);
            usleep(1000000);
            IoTGpioSetOutputVal(BUZ_GPIO, 0);
            usleep(1000000);
            IoTGpioSetOutputVal(BUZ_GPIO, 1);
            usleep(1000000);
            IoTGpioSetOutputVal(BUZ_GPIO, 0);
            usleep(1000000);
            }
            else{
            IoTGpioSetOutputVal(BUZ_GPIO, 0);
            }
```

20.2.5 接收数据

首先，需要在 OneNET 云平台获取 Json 格式的数据，通过自定义的 JsonBean 类对数据进行读取；然后，通过 Json 库进行解析即可获取硬件传输到 OneNET 云平台的信息。相关代码如下：

```
URL url1 = new URL(url);
//通过远程 URL 连接对象打开一个连接,转成 httpURLConnection 类
httpURLConnection = (HttpURLConnection) url1.openConnection();
//设置连接方式:GET
httpURLConnection.setRequestMethod("GET");
//设置连接主机服务器端的超时时间:15000ms
httpURLConnection.setConnectTimeout(15000);
//设置读取远程返回的数据时间:60000ms
httpURLConnection.setReadTimeout(60000);
//设置格式
//httpURLConnection.setRequestProperty("Content-type", "application/json");
//设置鉴权信息:Authorization: Bearer da3efcbf-0845-4fe3-8aba-ee040be542c0 OneNET 平
//台使用 Authorization+token
httpURLConnection.setRequestProperty("api-key", api_key);
//发送请求
httpURLConnection.connect();
//通过 connection 连接,获取输入流
if (httpURLConnection.getResponseCode() == 200) {
    in = httpURLConnection.getInputStream();
    //封装输入流 is,并指定字符集
    br = new BufferedReader(new InputStreamReader(in, "UTF-8"));
    //存放数据
    StringBuffer sbf = new StringBuffer();
    String temp = null;
    while ((temp = br.readLine()) != null) {
        sbf.append(temp);
        sbf.append("\r\n");
    }
    result = sbf.toString();
    System.out.println("response=" + result);
    try{
        //处理 Json 数据
        //通过上面定义的 JsonBean 类,取得对应的 key-value
```

```
        MyAbilitySlice. JsonBean  jsonBean  =  new  Gson ( ). fromJson ( result,
MyAbilitySlice.JsonBean.class);
        //线程投递
        myEventHandler.sendEvent(InnerEvent.get(reqCode, jsonBean));
    }
```

20.2.6　发送指令

发送指令时,App 端不用接收任何数据,只负责传输到 OneNET 云平台即可,所以 App 端将需要发送的数据存放在 POST 请求的 body 中,传输到相应设备的 URL 即可,相关代码如下:

```
public void doPost(String url, String data, int reqCode){
    HttpURLConnection postConnection = null;
    URL postUrl;
    try{
        postUrl = new URL(url);
        postConnection = (HttpURLConnection) postUrl.openConnection();
        postConnection.setConnectTimeout(40000);
        postConnection.setReadTimeout(30000);
        postConnection.setRequestMethod("POST");
        //发送 POST 请求必须设置为 true
        postConnection.setDoOutput(true);
        postConnection.setDoInput(true);
        //设置二进制格式的数据
         postConnection.setRequestProperty("Content-Type", "application/octet-
stream");
        postConnection.setRequestProperty("api-key", api_key);
        DataOutputStream  dos  =  new  DataOutputStream ( postConnection.
getOutputStream());
        dos.write(data.getBytes(StandardCharsets.UTF_8));
        //flush 输出流的缓冲
        dos.flush();
        //定义 BufferReader 输入流读取 URL 的响应
        BufferedReader  in  =  new  BufferedReader ( new  InputStreamReader
(postConnection.getInputStream()));
        String line;
        String result = "";
        while((line = in.readLine())!=null){
            result += line;
        }
        //线程投递
        myEventHandler.sendEvent(InnerEvent.get(reqCode));
    }catch (Exception e){
        e.printStackTrace();
    }
}
```

20.2.7　振动模块

老人摔倒时需要立刻通知其家属,除依靠画面显示方式外,当 App 得知老人摔倒时会通过长振动提醒用户。本程序实现振动时先查询列表,然后取得其中一个振动器并指定其振动时间。相关代码如下:

```
HiLog.info(LABEL,"振动器列表");
List<Integer> vibratorList = vibratorAgent.getVibratorIdList();
if (vibratorList.isEmpty()) {
    HiLog.info(LABEL,"振动器列表为空");
    return;
}
int vibratorId = vibratorList.get(0);
//创建指定振动时长的一次性振动
int vibratorTiming = 1000;
boolean vibrateResult = vibratorAgent.startOnce(vibratorId, vibratorTiming);
```

20.2.8　颜色解析

当老人的状态发生变化时，为了提醒用户，页面颜色需要改变。一般定义为十六进制编码，设置组件颜色时，解析为 RGB 值。相关代码如下：

```
RgbColor rgbcolor = new RgbColor();
String red = Bean.change(colorString.substring(1,3),16,10);
Bean.destroyBuffer(colorString.substring(1,3));
String green = Bean.change(colorString.substring(3,5),16,10);
Bean.destroyBuffer(colorString.substring(3,5));
String blue = Bean.change(colorString.substring(5,7),16,10);
Bean.destroyBuffer(colorString.substring(5,7));
rgbcolor.setRed(Integer.parseInt(red));
rgbcolor.setBlue(Integer.parseInt(blue));
rgbcolor.setGreen(Integer.parseInt(green));
return rgbcolor;
```

20.3　成果展示

系统整体电路如图 20-7 所示。

老人处于正常健康状态时，ADC1 接收到低电平，ADC2 接收到高电平，串口监视器如图 20-8 所示。

图 20-7　系统整体电路

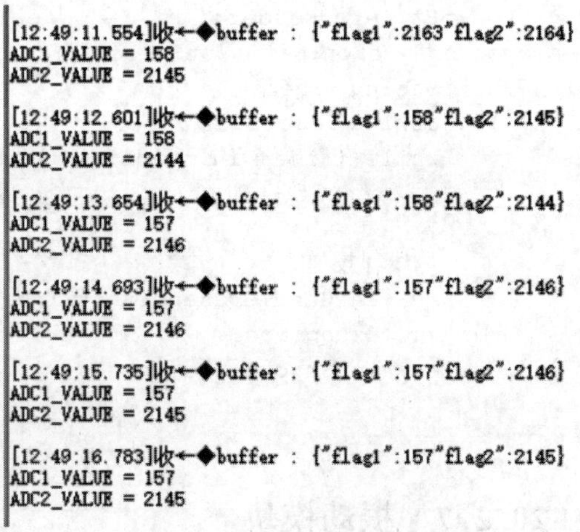

```
[12:49:11.554]收←◆buffer : {"flag1":2163"flag2":2164}
ADC1_VALUE = 158
ADC2_VALUE = 2145

[12:49:12.601]收←◆buffer : {"flag1":158"flag2":2145}
ADC1_VALUE = 158
ADC2_VALUE = 2144

[12:49:13.654]收←◆buffer : {"flag1":158"flag2":2144}
ADC1_VALUE = 157
ADC2_VALUE = 2146

[12:49:14.693]收←◆buffer : {"flag1":157"flag2":2146}
ADC1_VALUE = 157
ADC2_VALUE = 2146

[12:49:15.735]收←◆buffer : {"flag1":157"flag2":2146}
ADC1_VALUE = 157
ADC2_VALUE = 2145

[12:49:16.783]收←◆buffer : {"flag1":157"flag2":2145}
ADC1_VALUE = 157
ADC2_VALUE = 2145
```

图 20-8　健康时串口监视器

老人处于跌倒状态时，ADC1 和 ADC2 接收到高电平，串口监视器如图 20-9 所示。

老人处于正常拥挤状态时，ADC1 和 ADC2 接收到低电平，串口监视器如图 20-10 所示。

[12:49:37.734]收←◆buffer : {"flag1":"899"flag2":2145}
ADC1_VALUE = 2164
ADC2_VALUE = 2162

[12:49:38.778]收←◆buffer : {"flag1":"2164"flag2":2162}
ADC1_VALUE = 2164
ADC2_VALUE = 2162

[12:49:39.824]收←◆buffer : {"flag1":"2164"flag2":2162}
ADC1_VALUE = 2163
ADC2_VALUE = 2162

[12:49:40.874]收←◆buffer : {"flag1":"2163"flag2":2162}
ADC1_VALUE = 2164
ADC2_VALUE = 2164

[12:49:41.921]收←◆buffer : {"flag1":"2164"flag2":2164}
ADC1_VALUE = 2164
ADC2_VALUE = 2163

[12:50:06.044]收←◆buffer : {"flag1":"2161"flag2":2161}
ADC1_VALUE = 147
ADC2_VALUE = 149

[12:50:07.086]收←◆buffer : {"flag1":"147"flag2":149}
ADC1_VALUE = 148
ADC2_VALUE = 152

[12:50:08.139]收←◆buffer : {"flag1":"148"flag2":152}
ADC1_VALUE = 147
ADC2_VALUE = 150

[12:50:09.193]收←◆buffer : {"flag1":"147"flag2":150}
ADC1_VALUE = 148
ADC2_VALUE = 149

[12:50:10.252]收←◆buffer : {"flag1":"148"flag2":149}
ADC1_VALUE = 147
ADC2_VALUE = 151

图 20-9　跌倒时串口监视器　　　　　　图 20-10　拥挤时串口监视器

　　鸿蒙 App 端有 3 个页面,各页面通过不同颜色以及画面提示不同状态。老人正常状态下,系统会显示健康,页面效果如图 20-11 所示;老人处于拥挤的人群时极有可能被周围人绊倒,所以在老人与他人之间的距离过近时 App 会显示老人当前状态为拥挤,效果如图 20-12 所示;老人跌倒时会处于危险状态,App 会显示老人当前状态为跌倒并通过振动告知家属,效果如图 20-13 所示。

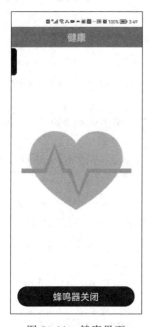

图 20-11　健康界面　　　　　　图 20-12　拥挤界面　　　　　　图 20-13　跌倒界面

20.4　元件清单

　　完成本项目所需的元件及数量如表 20-2 所示。

表 20-2　元件清单

元件/测试仪表	数　量	元件/测试仪表	数　量
面包板	1个	SW-520D 角度倾斜传感器	1个
Hi3861	1个	红外避障传感器	1个
数据线	若干	有源蜂鸣器	1个

附录 A

参考链接

1. Hi3861 开发环境的搭建、编译及烧录过程，参考地址如下：https://ost.51cto.com/posts/10088(1～5、9、11、12)。

2. OneNET 云平台多协议接入，参考地址如下：https://open.iot.10086.cn/doc/v5/develop/detail/multiprotocol。

3. VMware 版本 16.2.3 下载地址如下：https://www.vmware.com/cn/products/workstation-pro/workstation-pro-evaluation.html。

4. 下载源码选择轻量系统，参考地址如下：https://ost.51cto.com/posts/11704。

5. https://ost.51cto.com/posts/9822♯星光计划 2.0♯ 鸿蒙设备开发 Hi3861-IoT 落地-自动门锁（附多案例）。

6. OpenHarmony 虚拟环境参考地址如下：https://gitee.com/lianzhian/OpenHarmony-virtual-machine。

7. OneNET API 文档，参考地址如下：https://open.iot.10086.cn/doc/book/application-develop/api/api-list.html。

8. Ubuntu 版本 20.04.4 下载地址如下：https://ubuntu.com（设置虚拟内存 80GB，运行内存 4GB）。

9. 鸿蒙 App 进行 HTTP 请求对应 API，参考地址如下：https://developer.harmonyos.com/cn/docs/documentation/doc-references/js-apis-net-http-0000001168304341♯section12262183471518。

10. 关于 OpenHarmony 的认识与理解，参考地址如下：https://docs.openharmony.cn/pages/v3.1/zh-cn/OpenHarmony-Overview_zh.md/。

11. Hi3861 开发板组件源码，参考地址如下：https://gitee.com/lianzhian/hihope-3861-smart-home-kit。

12. Ubuntu 镜像版本 20.04.1 链接：https://pan.baidu.com/s/15N6zOn1eAZCETI03Pm9KJQ? pwd=3dhj，提取码：3dhj（内存建议 40GB）。

13. DHT11 使用笔记，参考地址如下：https://blog.csdn.net/qq_27508477/article/details/83661672? ops_request_misc=&request_id=&biz_id=102&utm_term=DHT11&utm_medium=distribute.pc_search_result.none-task-blog-2～all～sobaiduweb～default-0-83661672.nonecase&spm=1018.2226.3001.4187。

14. MQTT 移植，参考地址如下：https://blog.csdn.net/qq_39280795/article/details/106413204。

15. MQTT 调试，参考地址如下：https://zhuanlan.zhihu.com/p/79469070。